Statale34

«Oggi si vuol sentire parlare di grandi programmi politici ed economici, ossia proprio di quelle cose che hanno condotto i popoli ad impantanarsi nella situazione attuale. Ed ecco che uno viene a parlare di sogni e di mondo interiore…tutto ciò è ridicolo, che cosa crede di ottenere di fronte ad un gigantesco programma economico, di fronte ai cosiddetti "problemi della realtà"? Ma io non parlo alle nazioni, io mi rivolgo solo a pochi uomini. Se le cose grandi vanno male, è solo perché i singoli individui vanno male, perché io stesso vado male, perciò, per essere ragionevole, l'uomo dovrà cominciare con l'esaminare se stesso, e poiché l'autorità non riesce a dirmi più nulla, io ho bisogno di una conoscenza delle intime radici del mio essere soggettivo. È fin troppo chiaro che se il singolo non è realmente rinnovato nello spirito, neppure la società può rinnovarsi, poiché essa consiste nella somma degli individui»

C.G.Jung – Ricordi, Sogni, Riflessioni – Autobiografia

Amato Russomanno

Le leggi
di
funzionamento

Statale34

Titolo | Le leggi di funzionamento
Autore | Amato Russomanno
Immagine di copertina | creata da Chiara Russomanno

ISBN | 978-88-91156-56-3

www.statale34.it
www.chiararussomanno.it

E-mail autore: amatorussomanno@alice.it

Youcanprint *Self-Publishing*
Via Roma, 73 - 73039 Tricase (LE) - Italy
www.youcanprint.it
info@youcanprint.it

Prefazione

È consuetudine che un libro sia preceduto da una prefazione che ne presenti il contenuto e offra informazioni utili alla lettura.

Che prefazione scrivere a *Le leggi di funzionamento* ?

Mentre mi ponevo ripetutamente questa domanda, senza peraltro trovare una risposta soddisfacente, mi venne in mente una lettera, inviatami nel 2003, da Padre Anthony Elenjimittam.

Per me e per la mia famiglia Padre Anthony è stato un amico che per undici anni, quasi ogni mese, ha onorato la nostra casa con la sua presenza, allietando tutti noi con la sua gioia e illuminandoci con la sua saggezza. Quando, il 5 ottobre 2011, è scomparso all'età di 97 anni, non ha lasciato nessun vuoto, perché la sua presenza è rimasta con noi e in noi.

Per il resto del mondo padre Anthony era un maestro spirituale che conosceva profondamente tutte le religioni e insegnava che esse, essenzialmente, esprimono la medesima verità. Questa unità nella verità, Padre Anthony l'ha illustrata in numerosissimi libri e conferenze e l'ha testimoniata con la propria vita. Infatti, nato in India, è stato discepolo e collaboratore di Gandhi; venuto in Italia, è diventato sacerdote e monaco domenicano.

Ritornando alla lettera, il cui testo è riportato nel seguito, mi sembrò sottintendere che ognuno ha il *compito di collaborare al funzionamento della vita e all'evoluzione umana*. Vi lessi anche un invito ad assumermi la mia parte di responsabilità. Ho cercato di farlo, pur coi miei limiti, e tuttora lo sto facendo, con la pubblicazione di questo libro e degli altri della collana Statale34.

Caro Amato,
tu sei un capitano che ha il compito di spronare tante anime ad incamminarsi per le strade insolite, a navigare nei mari nella stagione monsonica, diventando un occhio per i ciechi, un piede per gli zoppi, una speranza per i disperati della vita.
Prego l'Altissimo che il tuo Centro Studi apra un nuovo orizzonte ai ricercatori della Verità liberatrice con un approccio

strettamente scientifico,
psicologicamente verificabile,
ed esotericamente soddisfacente.

Penso che in futuro il tuo impegno crescerà, aiutando tante anime assetate a scoprire la sorgente della vita beata, eterna, immortale.

P.Anthony   *Assisi 2 Ottobre 2003*

*Questo libro è dedicato a mio padre Camillo,
che col suo sostegno amorevole e silenzioso,
continuamente presente, ma sempre rispettoso
e mai invasivo o autoritario,
ha fornito le basi
per un giusto funzionamento
della mia vita*

Il significato delle leggi

Una realtà esiste grazie alle leggi che la governano

Ogni realtà che funziona, lo fa grazie ad un insieme di leggi che sono *le leggi del suo funzionamento*. Esse ne regolano i processi e gli eventi. Infrangendo le leggi, il funzionamento si interrompe. Ad esempio: per far partire l'automobile devo inserire la chiave, spingere la frizione, accendere il motore, rilasciare lentamente la frizione e premere l'acceleratore. Allora l'automobile parte.
Se non inserisco la chiave, l'automobile certamente non si mette in moto, ma anche un errore minore, come dimenticarsi di premere la frizione, impedisce la partenza. Infatti, il motore si accenderà e l'auto, compiuto un balzo in avanti, si bloccherà. Perfino il sollevare la frizione in maniera troppo brusca produce lo stesso risultato, mentre, se mi dimentico di rilasciarla e continuo a tenerla premuta, sarà vano insistere nel premere l'acceleratore. Il rumore del motore, che gira a vuoto, pur nella piena potenza, mi segnalerà l'impotenza a produrre il movimento.

Perché sono necessarie le leggi di funzionamento?

Non sono necessarie in sé, ma solo ai fini del funzionamento. Se accettiamo il non funzionamento, possiamo tranquillamente disinteressarci delle leggi. Un'automobile rotta può benissimo continuare ad esistere e la si può usare in altri modi: per dormire al suo interno, per prelevare pezzi di ricambio, per rottamarla e ricavarne metalli. Si tratta di altri modi di funzionare, che però non sono quello per cui è stata pensata, progettata e costruita.
Essa ha perduto la sua funzione principale ma conserva delle funzioni residue.

Queste sono però di minor valore, perché hanno minor complessità, organizzazione e utilità. In sostanza, la nostra auto, non può più svolgere la funzione di mezzo di trasporto ed essere utilizzata per viaggiare, ma può ancora essere utile in molti modi. Esistono molti livelli di funzionamento, che si differenziano per complessità e per valore. Il valore di un funzionamento dipende dall'utilità che esso riveste per l'insieme di cui fa parte.

L'automobile è un oggetto che fa parte della vita dell'uomo. Un'automobile che è in grado di viaggiare, riveste, per l'esistenza umana, maggior utilità e valore, di una che non si muove.

L'utilità di un oggetto dipende dalla raffinatezza del suo funzionamento, cioè dalla sua capacità di svolgere compiti complessi. Questa capacità dipende dall'organizzazione interna cioè dal livello di efficacia nel gestire la propria complessità. Più una struttura è complessa, e ben organizzata, maggiori sono i compiti che è in grado di svolgere. L'organizzazione della complessità dipende dal livello di sinergia delle parti.

Infatti, *la sinergia è semplicemente l'uso ottimale dell'energia.*

Riassumendo: *sinergia, organizzazione, funzione, utilità, valore.*

Nei termini più generali possibili:

**l'evoluzione è una successione di aggregazioni,
crescenti per dimensioni e complessità,
che grazie a una riorganizzazione interna permanente,
sviluppano funzioni sempre più complesse,
utili e di maggior valore**

La complessità, è quindi una potenziale ricchezza e, in sé, non costituisce assolutamente un problema.

**Il problema non è la complessità,
il problema è il non funzionamento**

Esso nasce dalla mancanza di organizzazione.

Come accade che un oggetto perde la sua funzione principale e quindi la sua principale utilità e il suo maggior valore?

È una giusta domanda perché l'automobile che si è guastata può non apparire diversa da com'era quando funzionava. Le parti che la compongono sono le medesime, ma è la loro l'interazione e il loro reciproco collegamento che è notevolmente cambiato.
È la loro sinergia, o collaborazione per un fine comune, che per un'automobile è il movimento, che è venuto meno.

È utile approfondire il tema del passaggio dal funzionamento al non-funzionamento e dal non-funzionamento al funzionamento. Lo faremo analizzando il caso degli organismi biologici, ove esso assume il significato di passaggio dalla vita alla non-vita e viceversa. È il grande tema della nascita e della morte.

Che cosa accade nell'istante della morte?

Il corpo, un attimo prima e un attimo dopo, è assolutamente identico dal punto di vista chimico e strutturale. Eppure prima viveva, dopo non vive più. Le cellule invece sopravvivono a lungo. Anche gli organi continuano a vivere per un certo tempo, tanto è vero che possono essere trapiantati. Le unghie, i capelli e vari tessuti continuano a crescere.

Perché il corpo muore se la sua struttura non è cambiata e addirittura le sue parti continuano a vivere?
Qual è la reale differenza fra un corpo vivo e un corpo morto?

Come già detto, un qualunque insieme è composto da parti. Se esse sono divise o non hanno interazioni finalizzate, l'insieme è semplicemente la somma delle parti: un semplice elenco. Quando le parti di un insieme entrano in sinergia, condividono un fine per il quale lavorano e continuamente si organizzano.

Arrivano così ad esprimere una struttura gerarchica animata da uno scopo, nella quale, e grazie alla quale, possono esprimersi pienamente come individui.

La struttura costituisce una *unità nella molteplicità*, o meglio, un'unità di molteplicità. L'insieme, allora, non è più la semplice somma delle sue parti, ma diventa qualcosa di più. Cresce di livello, perché diventa capace di un nuovo funzionamento. Infatti, acquista una funzione aggiuntiva, che prima non esisteva e che ha un maggior valore.

L'insieme diventa un'organizzazione che funziona e, al di sopra di una certa complessità, un organismo che vive. Può arrivare ad essere un insieme, talmente complesso e ben organizzato, da acquistare la funzione che chiamiamo vita.

Possiamo ora spiegare perché il corpo muore.

La morte si verifica quando si distrugge l'armonia delle parti, cosicché il corpo cessa di essere un'unità nella molteplicità e si riduce soltanto a una molteplicità. L'insieme ritorna ad essere la somma delle parti e la funzione che aveva acquisito, scompare. Una buona domanda consiste nel chiedersi dove va a finire questa funzione che è scomparsa. La saggezza popolare risponde dicendo che questa funzione è l'anima, e che l'anima, anima il corpo. Se il corpo muore, significa che l'anima se ne è andata altrove. Non ci occuperemo di questo argomento che ci porterebbe troppo lontano, ma ci limitiamo ad osservare che quando la sinergia, o armonia delle parti, è distrutta, la vita dell'insieme non c'è più. Restano le vite delle singole parti che, ormai divise, seguono ognuna il proprio cammino.

La distruzione dell'armonia viene descritta da Gesù, in questo modo: *Se un regno è diviso in se stesso, quel regno non può durare. E se una casa è divisa in se stessa, quella casa non può stare in piedi* (Marco3:24).

La vita che conosciamo è il massimo livello di sinergia possibile?

Certamente no perché la sinergia, come ogni cosa, può sempre essere migliorata. Non è allora difficile immaginare che un organismo che già vive, se perfeziona l'armonia e la sinergia delle parti, accede ad una vita nuova più ricca di possibilità. Per questo molti insegnamenti spirituali ci prospettano la possibilità di una *vera vita* ben diversa dalla normale sopravvivenza. Si riferiscono alla nuova vita che si accompagna alla nascita della coscienza.

Ma che cos'è che produce quella sinergia sempre più raffinata che crea una macchina funzionante, un organismo vivente, una vita cosciente e altro ancora?

È il rispetto delle leggi di funzionamento le quali, organizzando la complessità, innescano un processo per cui

**dal caos nasce il cosmo,
dal cosmo la vita,
dalla vita la coscienza**

Sono i gradini di una scala; il processo del salire è l'evoluzione. Infatti, le leggi di funzionamento sono anche leggi di evoluzione. Infrangendo le leggi la scala viene percorsa in senso inverso, fino a ritornare al caos. Questa discesa è l'involuzione.

Il racconto biblico del peccato originale esprime proprio questo. Adamo ed Eva vivono nel paradiso terrestre: un mondo di bellezza e perfezione. È un cosmo che esiste e funziona grazie alle leggi che lo governano e che si trova un gradino al di sopra del caos della sopravvivenza.
Adamo ed Eva infrangono le leggi di quel cosmo ed esso, per loro, smette di esistere e di funzionare.

Così sono costretti a ridiscendere di un gradino e a ritornare nel mondo della sopravvivenza.

Come possiamo imparare a rispettare le leggi di funzionamento o leggi della vita?

Per rispettarle bisogna comprenderle, per comprenderle bisogna imparare a vederle. Vedendole, bisogna osservare attentamente come esse agiscono. Essenzialmente si tratta di

contemplare le leggi in azione

Ciò è veramente molto importante.
Più le comprendiamo e più saremo capaci di tenerle sempre presenti e di rispettarle. Il rispettarle ci da successo in tutto ciò che facciamo e, contemporaneamente, ci rieduca e ci guarisce. Andare contro le leggi, invece, è un autentico disastro, senza esagerare è la morte. Ciò lo ritroviamo espresso magnificamente nella Bibbia (Sapienza 1,12-13):

*Smettete di ricercare la morte con gli errori della vostra vita,
e di attirarvi la rovina con le opere delle vostre mani,
perché Dio non ha fatto la morte,
né gode per la rovina dei viventi.
Egli ha creato tutte le cose perché esistano;
salutifere sono le creature del mondo,
in esse non c'è veleno mortifero,
né il regno dell'Ade è sulla terra.
La giustizia infatti è immortale.
Ma gli empi con gesti e con parole chiamano la morte,
credendola amica, si consumano per essa
e con essa hanno stretto alleanza,
perché sono degni di essere del suo numero.*

Allora poniamoci una domanda fondamentale e personale, cui vi consiglio di rispondere in maniera immediata, spontanea, senza interporre alcun pensiero:

siete contenti di rispettare le leggi?
vi piace o non vi piace?

Se vi piace è perché vedete nella Vita una madre amorevole e nel Padre un essere buono. Significa che, secondo voi, la vita è giusta e che il Padre ha stabilito quelle leggi, non per ostacolare i figli, ma per aiutarli. Allora riconoscete che

le leggi non esistono per impedire,
ma per permettere
e, in tempi più lunghi,
per insegnare

Le leggi indicano come realizzare le cose in modo che funzionino, continuino a funzionare, e, riproducendo il proprio funzionamento, collaborino con la vita. Le leggi insegnano a creare la vita, non ad ucciderla e neppure a fabbricare cose morte o moribonde. Insegnano a partorire, non ad abortire. Se ne siete consapevoli, rispettare le leggi della vita vi da gioia, vi fa sentire vivi, importanti e amati, perché concepite voi stessi come suoi figli. A quel punto vi sentite in pace col mondo e con voi stessi.

Se rispettare le leggi non vi piace e vi fa sentire umiliati e senza valore è perché non credete che la Vita sia una madre amorevole, ma una matrigna crudele, e che il Padre non sia un essere buono, ma un tiranno. Ciò accade perché concepite voi stessi come delle vittime, come degli esseri indegni dell'amore.
Allora per voi le leggi non sono una fonte di libertà, ma un sopruso e ciò vi produce rabbia e ribellione. A quel punto siete in guerra col mondo e con voi stessi.

Avete capito questa differenza?

È per quello che Adamo pensa:
perché non dovrei mangiare il frutto di quest'albero?

Risposta saggia: perché se lo mangi ti cacci in una tale quantità di guai, che poi te ne pentirai abbondantemente. Il Padre che ti ama, lo sa, ed è per questo che ti ha dato la legge. Sa che non è ancora il tempo di mangiare quel frutto e, se rispetti la legge, lo mangerai quando sarai pronto e allora ti sarà utile e non dannoso.

È come in un'orchestra: il violinista deve suonare un Si bemolle perché quella è la nota scritta sulla partitura. Però si chiede: *perché devo suonare un Si bemolle se io voglio suonare un Re?*

Risposta saggia: perché se tu suoni un Re, tutta l'armonia di quella musica viene rovinata e vieni rovinato anche tu come violinista. Infatti non si percepirà nessuna differenza fra te che hai studiato lo strumento per trent'anni e uno che l'ha appena sfiorato. E così mentre, fuori di te, viene rovinata l'armonia della musica che tu contribuisci a creare, allo stesso modo, dentro di te, viene rovinata l'armonia della musica che crea ciò che tu sei.

Distruggendo la musica che hai il compito di animare, distruggi la musica che ti anima. Perché?
Perché

**l'anima del mondo e l'anima dell'uomo
sono la stessa anima.**

Se mi ribello alle leggi, è perché ho coltivato dentro di me il seme della ribellione. E se continuo a farlo, arrivo al punto in cui tutta la mia struttura si sfalda e si decompone, l'integrità si distrugge e la musica della vita perde la sua bellezza e il suo potere incantato.

I pensieri diventano mille e vanno tutti per i fatti loro, le parole vanno da un'altra parte che non c'entra niente coi pensieri, le emozioni prendono una direzione ancora diversa, mentre le azioni diventano accidentali, involontarie e inconcludenti. A quel punto la mia personalità riempitasi di immondizia è diventata caos, disarmonia, stonatura e totale cacofonia. Pullula di una folla di micro-personalità che si attribuiscono il mio nome e parlando di se stesse dicono *io*. Ognuna di esse si arrabbia, urla, e mi tira per la giacca per imporre, con la forza, i propri desideri e prevalere sugli altri io. Così, coltivando la ribellione, frantumiamo ciò che si chiama uomo, riducendolo a sette miliardi di entità subumane, ognuna delle quali pensa solo per sé, si fa i fatti suoi, ed è incapace di dialogare con le altre perché ogni incontro è scontro. Così nella mia personalità, che è la crosta terreste del pianeta che io sono, si crea un'immensa irrequietezza che sfocia in un gran numero di guerre. Talvolta una guerra si estende a tutta la superficie del mio essere e quindi diventa una guerra mondiale. Ne uscirò morto o devastato.

La ribellione non è diversa dalla guerra, anzi è guerra. È guerra nel mondo interiore e nel mondo esteriore. È guerra anche quando la guerra ancora non si vede, e tutti sembrano contenti, perché il piacere sembra abbondare nella loro vita e il cibo sulle loro tavole.

Come funziona in me, la ribellione?
In che modo io mi ribello alle leggi della vita e mi sottraggo continuamente alla responsabilità del vivere?

Ci sono tanti modi, tante forme, tante cause.
Una è la paura, un'altra è l'arroganza, un'altra è la ricerca continua del piacere, un'altra il desiderio di dominio etc.
Comunque sia, la ribellione costituisce il grande disastro nella vita umana.

La ribellione è la causa della morte, della malattia, dell'infelicità e di ogni male dell'uomo

E se fosse che l'abbiamo praticata all'inizio della creazione, non sarebbe nulla, ma il fatto è che la pratichiamo e la rinnoviamo tutti i giorni. Ogni giorno, immancabilmente, ci separiamo, rifiutiamo, obbiettiamo, abbiamo qualcosa di cui lamentarci, qualcuno a cui ribellarci, qualcuno da accusare e, ciliegina sulla torta, un'infinità di ingiustizie da combattere. Così non si vive, questa non è vita. Non c'è traccia di vera vita in questa modalità.

La vita esiste nella coscienza, nell'apertura e nell'accettazione. Allora l'anima fiorisce nella personalità ed è un fiore che allieta e profuma tutti. Il risveglio dell'anima è come un sole che si forma dentro di noi e che dapprima inonda la nostra struttura di luce, calore e vita, ma in seguito si riversa anche all'esterno.

Per noi, ora, anche se l'accettazione non riesce ad esser grande, non ha importanza. È sufficiente che domani sia un po' più grande di oggi, ma non è assolutamente il caso di andare nella direzione della ribellione, della separazione, della paura, della guerra e, in sostanza, della distruzione della musica dell'anima.

Se invece distruggete la musica dell'anima che così diventa stonata e priva di grazia e bellezza, in seguito, per ricostruirne l'armonia, dovrete fare un grande lavoro, che non è escluso che vi richieda di passare pesantemente per il dolore.

Le leggi della vita

La vita sulla terra soggiace ad un certo numero di leggi
Ogni uomo le riconosce in sé man mano che si evolve

Quali sono le leggi che regolano il funzionamento della vita?

La domanda, posta in termini così generici, non può avere una risposta concreta e ci condurrebbe inevitabilmente nel campo della filosofia.

Di quale vita stiamo parlando? In quale luogo?

Senza queste precisazioni una risposta reale non è possibile. Comunque, anche se potessimo conoscere le leggi che regolano la vita di un pianeta lontano anni luce, a che ci servirebbe?
Quale sarebbe l'interesse e l'utilità di questa conoscenza?

Siccome viviamo su questo pianeta, ha senso invece chiederci:

Quali leggi governano il funzionamento della vita sulla Terra?
Quali sono le possibilità che questo luogo offre all'uomo?

Ogni luogo è sottoposto a diversi ordini di leggi.
Prendiamo ad esempio il comune in cui risiediamo: esso fa parte di una provincia, che fa parte di una regione, che fa parte di una nazione.
Il fatto stesso di viverci comporta che la nostra vita sia sottoposta, nello stesso tempo, alle leggi comunali, alle leggi provinciali, alle leggi regionali e infine alle leggi nazionali.

Esse appartengono ad ordini diversi e hanno caratteristiche differenti: man mano che si va dal piccolo al grande, le leggi diventano più generali, mentre se si va dal grande al piccolo, diventano più specifiche e particolari.

Dalla coesistenza di tutte queste leggi, derivano le libertà di cui dispone ogni abitante di quel comune e la quantità e la qualità delle possibilità che gli si offrono. Le possibilità sono le strade che può imboccare e percorrere nel proprio vivere.

Analogamente, per comprendere le leggi cui è soggetta la vita sul pianeta, e intuire le nostre possibilità di evoluzione, dobbiamo esaminare la posizione che la Terra occupa nel cosmo.

Non intendiamo affrontare questo tema, ma soltanto evidenziare che

**esiste un legame essenziale
fra evoluzione umana e cosmologia**

Riconoscere l'importanza di questo legame, e tenerne il debito conto, porta grandi frutti qualunque sia la cosmologia elaborata.

Le cosmologie sono tante: tutte hanno una loro differente validità. Ad esempio la cosmologia elaborata da G.I. Gurdjieff descrive un *Raggio di Creazione* che parte dal Tutto e, dopo vari passaggi, attraversa il Sole, il sistema planetario, la Terra, la Luna e infine penetra nel Nulla.

Ognuno di questi corpi celesti obbedisce ad un diverso insieme di leggi, il cui numero cresce tanto più ci si allontana dal Tutto e quanto più ci si avvicina al Nulla.

Le leggi sono in scala: 0, 3, 6, 12, 24, 48, 96. Zero si riferisce al Tutto o Assoluto che è nella totale libertà in quanto non è sottoposto a nessuna legge, novantasei si riferisce alla Luna ove la libertà è enormemente minore.

La Terra, in particolare, obbedisce a 48 leggi.

Detto questo è spontaneo chiedersi quali sono queste 48 leggi, e cercarne un elenco in modo da conoscerle, studiarle con cura e avvantaggiarsi della conoscenza acquisita. In questo contesto, però, come accadeva nell'antica numerologia,

**il numero ha la funzione di indicare una qualità
piuttosto che di misurare una quantità**

Per questo, l'espressione "48 leggi" designa 48 qualità o modalità di funzionamento della vita, invece di 48 articoli di un codice. In un certo senso designa 48 ordini di leggi. Infatti, la sequenza di numeri descritta, è una rappresentazione gerarchica dell'universo. I numeri formano una scala i cui gradini, detti cosmi o mondi, passando dal Tutto al Nulla, decrescono in coscienza e crescono in meccanicità. Il Tutto è pura coscienza mentre il Nulla è totale meccanicità.

Si comprende allora perché, le leggi così definite, sono accessibili alla coscienza e all'esperienza dell'uomo, ma non alla sola conoscenza intellettuale. Infatti ogni uomo le riconosce, da se stesso e in se stesso, man mano che, grazie all'esperienza, si evolve e la sua coscienza sale i vari gradini.

Questo riconoscimento non ha a che fare solo col sapere, ma anche con l'essere. Infatti avviene quando nasce la comprensione perché l'essere è in equilibrio col sapere. Ovviamente è possibile offrire delle spiegazioni di natura intellettuale, ma senza la comprensione, frutto dell'esperienza, restano parole vuote di significato reale.

Il Sole è sottoposto soltanto a 12 leggi che sono un quarto delle leggi cui è sottoposta la Terra. Quindi sulla Terra c'è meno libertà che sul Sole: 48 leggi contro dodici. Comunque immediatamente al di sopra della Terra non c'è il Sole, ma il sistema planetario sottoposto a 24 leggi, giusto la metà di 48. Quindi, anche lì, la nostra libertà sarebbe molto più grande.

Il mondo inferiore alla Terra è la Luna, sottoposta a 96 leggi.
Psicologicamente la Luna è il mondo della totale identificazione. Se siamo prigionieri dell'identificazione siamo sotto l'influenza della Luna. La persona mutevole, che cambia continuamente direzione, perché vittima del susseguirsi delle identificazioni è detta nel linguaggio comune *lunatica*.
Similmente la persona costante e luminosa che vive sotto l'influenza del Sole è detta *solare*.

Partendo dalla terra e salendo, la sequenza dei numeri diventa: 48, 24, 12, 6, 3, 0.
Questi numeri sono i gradini di una scala. La scala è l'evoluzione che è possibile vivere a partire dal nostro pianeta. È un cammino verso la libertà che consiste nella graduale liberazione dalle leggi.

Come ci si libera dalle leggi?

Abbiamo detto che la Terra è sottoposta a 48 leggi, mentre il cosmo ad essa superiore è sottoposto a 24 leggi. Come accade che le leggi passino da 24 a 48? Si potrebbe pensare che si aggiungano 24 leggi, invece se ne aggiungono solo tre.

Perché aggiungendone solo tre, il numero di leggi raddoppia?

Ricordate la similitudine del comune di residenza? Il comune è soggetto ad una somma di leggi: comunali, provinciali, regionali, statali, e potremmo aggiungere europee e mondiali.
Ciò dipende dal fatto che esso è incluso in una provincia che è inclusa in una regione che è inclusa nell'Italia che è inclusa nell'Europa che è inclusa nel mondo. Il comune occupa il sesto posto in una scala discendente di entità geografiche ognuna delle quali include le successive.
La stessa cosa accade per la Terra che occupa il sesto posto in una scala di cosmi, ognuno dei quali include i successivi.

Il numero di leggi che li governano, come già detto è, a partire dall'Assoluto: 0, 3, 6, 12, 24.

La somma di queste leggi è 45 e quindi la Terra è sottoposta a queste 45 leggi, cui si aggiungono quelle sue proprie che sono 3 e fanno sì che il numero totale diventi 48.

Non bisogna concentrarsi troppo su questi numeri che, come già spiegato, tendono ad una descrizione qualitativa della realtà più che quantitativa. Uno studio dettagliato della cosmologia di Gurdjieff è, però, sicuramente consigliabile.

Comunque, il cenno che ne abbiamo dato, è servito come esempio per arrivare ad una conclusione che si sarebbe potuta raggiungere anche attraverso innumerevoli altre cosmologie.

Molte di esse sono antiche, vengono definite geocentriche e sono ritenute il frutto di una visione antropocentrica dell'universo. Con ciò si intende affermare che mettono la terra al centro dell'universo e l'uomo al centro della vita sulla terra. Ciò ha spinto a considerarle primitive, antiquate e prescientifiche.

È il loro fine che è stato frainteso, e il loro significato, è sfuggito, principalmente a coloro che si dedicano al sapere intellettuale.

L'utilità di queste cosmologie è quella di descrivere l'universo così come l'uomo lo vede dal luogo in cui vive.

Lo scopo è quello di comprendere le possibilità di evoluzione che esistono per l'uomo a partire da questo angolo dell'universo.

Ciò permette di costruire, o piuttosto riconoscere, come alcuni preferiscono pensare, il senso e il significato della vita dell'uomo nel cosmo.

La cosmologia di Gurdjieff, cui abbiamo accennato, ci conduce all'importante conclusione che

in un cosmo si manifestano le leggi proprie di quel cosmo oltre a quelle più generali che provengono dai cosmi superiori

Successivamente ci spiega che

**ci si può liberare dalle leggi proprie di un cosmo,
vivendoci e apprendendo l'insegnamento che contiene**

È una concezione evolutiva dell'esistenza umana secondo cui la vita è una scuola e ogni cosmo rappresenta una classe. L'apprendimento in un cosmo è concluso allorché il soggetto ha pienamente compreso il significato di quel cosmo, perché si è messo in sintonia con le leggi che lo governano e lo fanno funzionare, e le ha pienamente interiorizzate.
Ciò significa che egli vive, rispettandole spontaneamente e liberamente, perché ha compreso che

*le leggi non servono a ostacolare la vita,
ma a farla funzionare
e a farla evolvere*

Ha compreso che esse sono la via, donata all'uomo, per realizzare e dare vita alle proprie aspirazioni, invece che limitarsi sognarle.
Ha compreso che le leggi non creano schiavitù, come credono gli spiriti ribelli, ma libertà.

La comprensione raggiunta, gli consente di sentire una maggiore affinità, con la benevola intelligenza che è all'origine delle leggi e le ha create, e che molti chiamano la Vita e altri chiamano Dio.

L'uomo si sarà liberato dalle leggi del proprio cosmo, quando sarà arrivato a rispettarle pienamente senza nessuno sforzo; quando rispettare le leggi non gli costerà nulla, perché nulla in se stesso gli impedisce di farlo; quando muoversi nel rispetto delle leggi, sarà, per lui, spontaneo e fisiologico, perché sarà diventato un comportamento pienamente interiorizzato, e, ormai, istintivo.

In quel momento si sentirà molto leggero, libero dalla pesantezza della gravità, e pronto a distogliere lo sguardo dalla direzione orizzontale per rivolgerlo verticalmente verso l'alto, in direzione del cosmo superiore.

Detto questo possiamo riproporre la nostra domanda in termini più circostanziati e concreti.

Come ci si libera dalle leggi proprie del pianeta terra?

E qui bisogna uscire dalla teoria per incominciare a entrare un po' nella vita concreta.
Ognuno di noi è su un gradino della scala. Io sono su un gradino, tu sei su un altro gradino, ognuno è sul suo gradino.
Il vedere le leggi cui siamo sottoposti incomincia col rispondere a questa domanda:

quanti anni ci vuoi stare ancora su quel gradino?

Questa domanda è così bella che la riformulo: ma quanti anni vuoi stare ancora su quel gradino?

Senza la risposta a questa domanda non incomincia niente.

È chiaro perché per vedere le leggi nella vita bisogna prima incominciare a vederle in noi stessi? È perché

**per incominciare qualcosa da qualunque parte,
bisogna prima incominciarla in noi stessi**

Noi siamo l'inizio di tutto! È come per la Verità: tutti parlano della Verità, ma l'uomo, normalmente, non la conosce. Infatti per incominciare a conoscerla, dovrebbe prima conoscerla un po' in sé stesso, ma la vera conoscenza di sé nessuno la vuole acquisire.

Infatti uno che esortava gli uomini a cercare la Verità, perché questa ricerca li avrebbe resi liberi, era talmente antipatico a tutti che lo hanno messo sulla croce. E hanno preferito salvare Barabba, che era un assassino, perché lo ritenevano meno pericoloso: lui, almeno, non li avrebbe spinti a cercare la Verità!

L'uomo comune ha paura della Verità. Ha paura che, vedendola, sarebbe costretto a cambiare. E ha perfettamente ragione perché l'effetto della Verità è proprio questo: ti costringe a cambiare conducendoti verso una libertà maggiore. Se accogli la Verità, anche solo un po', da quel momento,

nulla potrà più essere come prima

La paura della libertà nasce dal fatto che

**diventare libero
significa
diventare responsabile**

Conoscere la Verità in se stessi significa conoscere la verità di se stessi. Perché ciò possa avvenire bisogna incominciare a togliere moltissime cose: bugie, giustificazioni, accuse, giudizi, credenze, convinzioni, false immagini di sé e del mondo, attaccamenti…

Se fai questo, un po' alla volta conosci la verità di te stesso, e questa esperienza, gradualmente,

**ti magnetizza nei confronti della Verità,
ti rende sensibile ad essa, e così,
incominci a sentirla.**

In ogni circostanza sei predisposto a percepirla, e talvolta ci riesci.

Più ciò accade e più diventi capace di vedere negli eventi che si susseguono, le leggi che stanno funzionando: le leggi in azione.

Di solito, invece, l'uomo pretende di conoscere la Verità in maniera intellettuale, all'esterno di sé. Pensa di poterla conoscere senza mettere in gioco se stesso, la sua interiorità e la propria vita. Questo è totalmente impossibile.

Spesso si inganna perché crede di averla scoperta. Crede che sia diventata sua: così dimostra di non aver capito neppure di che sostanza è fatta la Verità. Infatti, subito dopo, scatena la guerra contro tutto ciò che ritiene diverso dalla sua verità e che quindi giudica falso. Invece

la Verità è fatta di Pace

Quella verità che egli crede di aver scoperto, non solo non è sua, ma non è neanche la verità: non è niente. È un pensiero, un'opinione, un punto di vista o addirittura molto meno: è un'identificazione. Non è sotto 48 leggi, ma addirittura sotto 96.

Novantasei leggi è proprio il mondo della totale identificazione e della guerra permanente. Lì non vedo più neanche la guerra, perché vi sono totalmente immerso, come un pesce che non vede l'acqua in cui nuota. In quella condizione sento, sempre e continuamente, la paura e vedo solo il nemico.

Quarantotto leggi è già un luogo migliore, è la Terra, un luogo dove la paura si alterna con l'amore, in modi e momenti diversi, e quindi c'è la possibilità di scegliere.
Se si può scegliere c'è già più libertà.

Ma qual è la legge a cui siamo sottoposti tutti i giorni?
La legge fondamentale della sopravvivenza?

È la legge dell'accidente.

Legge dell'accidente

> *L'accidente è la divisione che c'è dentro di noi*
> *Non puoi fare niente se prima non diventi padrone di te*

Tutto accade!
Siete d'accordo, o vi credete protagonisti di tutto ciò che vivete?

Quasi tutto accade e questo ci porta alla dimensione della nostra impotenza e quindi non dovete arrabbiarvi quando qualcuno prende un impegno con voi e non lo mantiene, dovreste metterlo in conto fin dall'inizio.

Infatti se gli accade qualcosa di imprevisto, se gli si presenta un ostacolo più grande della volontà di mantenere l'impegno preso, quella persona vi tradirà.

Quando l'uomo è in questa condizione, tutto quello che dice o fa, non ha valore o ha un valore estremamente limitato, come tutto ciò che non è pienamente intenzionale.

Per questo, l'inizio del percorso evolutivo dell'uomo, consiste nel sottrarsi alla legge dell'accidente.

Che cosa significa "legge dell'accidente"?

Significa che non ho coscienza di me, non so chi sono, dove sono e dove sto andando: quello che dico e faccio oggi, domani non vale più. Vuol dire questo la legge dell'accidente.

L'accidente è fuori perché è dentro

**Fuori di me succede tutta una serie di cose
che io non voglio e che mi accadono,**

per il semplice fatto che

**dentro di me succede tutta una serie di cose
che io non voglio e che mi accadono**

Perché?

Perché non sono padrone di me stesso. Perché non sono alla guida della mia carrozza come afferma quella tradizione indiana, che paragona l'uomo ad una carrozza, e il movimento della carrozza alla vita umana.

Perché viviamo sotto la legge dell'accidente?

Perché la legge dell'accidente è il sonno della coscienza.
Allora la domanda importante è: *siete consapevoli, che, nel vostro quotidiano, quasi sempre dormite?*
Bisogna vederlo bene questo, perché se non dite sì, allora veramente state russando. Quindi

**comprendere che si dorme
è l'inizio del risveglio**

*Come fai a non vedere che se la tua vita non è quella che vuoi
significa che stai dormendo?*

Se tu fossi sveglio, la tua vita sarebbe quella che tu vuoi, certamente non nella sua totalità, ma si muoverebbe verso la direzione di ciò che tu vuoi, la direzione che hai scelto, e non in direzioni mutevoli e casuali. Se tu fossi sveglio, le tue scelte corrisponderebbero a un funzionamento reale e in parte efficace.

Produrrebbero delle azioni che danno un risultato, anche molto piccolo o parziale, ma che va sempre nella direzione scelta. Infatti, sarebbe il frutto dell'armonia in cui si muovono il tuo pensare, il tuo sentire e il tuo fare. È la mancanza di armonia di queste funzioni, che crea risultati non voluti.

Senza l'unità e l'integrità di noi stessi
la nostra vita si perde in direzioni indesiderate

Vi faccio un esempio: ho bisogno di un lavoro, faccio domanda di assunzione e vengo assunto. Dopo alcuni mesi vengo licenziato, mentre io, invece, aspiravo a un lavoro stabile e ben pagato.

Evidentemente dormo perché non ho compreso la situazione e le opportunità che mi offriva. Non sono stato capace di trarne vantaggio, sviluppando le strategie e l'autodisciplina che sono indispensabili per cogliere le opportunità esistenti.

E perché dormo?

Perché, invece di essere nella realtà, sono nel mondo delle mie fantasie.

Quindi, la mattina, so che devo andare a lavorare alle otto, ma penso: "Chi se ne frega se arrivo in ritardo; ieri sera ho fatto tardi e sono stanco, il mio riposo è più importante del lavoro".
Così, la realtà passa in secondo ordine rispetto al sognare, rispetto ai sogni che, ripetuti, diventano bi-sogni, e quindi una volta arrivo alle otto e mezzo, un'altra volta arrivo alle nove.

Chi è sveglio e ha deciso di lavorare, entra nel posto di lavoro e cerca di capire esattamente che cosa ci si aspetta da lui e coltiva nella mente il proposito di svolgere quel compito al massimo delle sue capacità.

Più in generale, chi è sveglio e vuole mettere a frutto la situazione in cui vive, si pone tre semplici domande:

Che cosa serve?
Che cosa devo fare io?
Come posso farlo al meglio?

Dopo due mesi o tre mesi che si muove secondo quest'ottica, i capi pensano: "Ma che persona solida e affidabile è arrivata, bisognerebbe valorizzarla, affidargli qualcosa di più importante!". E così egli è pronto per un compito più grande e, in poco tempo, ottiene il risultato che voleva: un lavoro stabile e ben pagato. Certamente stiamo parlando di un uomo sveglio. Infatti

sa chi è, sa dov'è, sa cosa c'è da fare,
sa come farlo bene e lo fa

Ciò gli dà la conoscenza esatta della sua situazione e, in seguito, fa nascere in lui

la piena consapevolezza delle possibilità
che si diramano dal luogo in cui si trova

L'uomo che invece arriva al lavoro, e incomincia a discutere su tutto e a contestare ogni cosa, è addormentato, perché non capisce neppure che non è nella condizione di discutere.
Si trova all'interno di un rapporto di forza in cui egli rappresenta la parte debole, per cui, mettersi a discutere, è la cosa peggiore che possa fare.

L'inizio del risveglio risiede nella comprensione del fatto che la vita ordinaria, organica, di sopravvivenza, è troppo potente per il singolo individuo che non può, in alcun modo, combatterla frontalmente.

Allora la persona, osservando attentamente la propria condizione, può rendersi conto che è in tutto e per tutto simile a una prigione. Così può decidere che il suo scopo prioritario è quello di uscire dalla prigione, riacquistare la libertà e la padronanza di se stesso. Infatti, questa è l'unica cosa veramente importante. Senza di essa nessuna altra cosa ha valore.

Una volta un maestro chiese ai suoi allievi: *qual è la cosa più importante per voi?*
Uno disse: *io vorrei essere cristiano.*
E il maestro rispose: *essere cristiano significa vivere secondo gli insegnamenti di Cristo e come puoi farlo se non riesci neanche a smettere di fumare? Tu vorresti essere cristiano, ma non sai neanche come si incomincia ad esserlo, perché non sai neanche come si fa una cosa semplice come smettere di fumare.*
Un altro disse: *io vorrei vivere per aiutare gli altri.*
La risposta fu simile alla precedente: *non ti sta a cuore la tua salute? Non lo sai che fumando la danneggi? E come puoi pretendere di aiutare gli altri se non sei neanche in grado di aiutare te stesso? Vale per il fumo ma può riguarda qualunque altra debolezza.*

Alla fine un terzo disse: *io vorrei diventare padrone di me.*
E il maestro esclamò: *oh! questo è un obiettivo di grande valore perché senza questo non è possibile nient'altro.*

Non puoi essere cristiano, non puoi aiutare gli altri,

non puoi fare niente di niente
se prima non diventi padrone di te stesso

Può darsi che tu abbia aiutato qualcuno, una volta, perché in mezzo a tutto quello che accade, è accaduto anche che hai aiutato qualcuno, ma il giorno dopo hai danneggiato qualcun altro.

Sono fatti accidentali e meccanici che, come tutto ciò che non è intenzionale, semplicemente non hanno valore.

È importante vedere tutto questo, ma guardate che bisogna vederlo bene, realmente e concretamente; non può essere solo una teoria, perché da una teoria non nasce una spinta, una passione, una motivazione potente al cambiamento.

Bisogna osservarlo attentamente e, oserei dire, con un senso di malessere, perché vedere che viviamo come delle macchine, non è un fatto che può riempirci di gioia.

Accorgerci che nelle nostre giornate non c'è nulla che viene da noi scelto perché tutto accade; accorgerci che tutto ciò che intraprendiamo, lo interrompiamo sempre prima di raggiungere il risultato voluto; accorgerci che questi processi iniziati e non terminati vanno a formare un cumulo di immondizie che costituisce la nostra frustrazione, che poi si trasforma in rabbia, lamento, vittimismo, accusa e guerra; accorgerci di tutto questo, insomma, non può certo riempirci di gioia. Però è l'inizio di una nuova consapevolezza che contiene più verità e meno menzogna.

Le rare volte che non abbiamo interrotto ciò che avevamo intrapreso è stato grazie all'intervento di un'autorità esterna: un'autorità che ci ha richiamato alle nostre responsabilità ogni volta che eravamo sul punto di abbandonare e di fuggire.

È solo quando siamo soggetti a un'autorità, che riusciamo a lavorare nella medesima direzione, per un tempo prolungato. Allora dovremmo benedire l'autorità, invece la malediciamo.

Quindi, se malediciamo ciò che ci salva, pensate un po' che cosa possiamo fare abbandonati a noi stessi!

Il punto fondamentale da capire è che quando in un momento di risveglio abbiamo la visione di dove siamo e di ciò che possiamo raggiungere, subito arriva il sonno.

Il sonno è lì, in agguato, pronto a portarci via la visione di quell'attimo, e la scintilla di comprensione acquisita.

Le parole di Gesù sono chiarissime in questo senso e sono espresse nella parabola del seminatore che spiega quando il seme produce frutto e quando muore.

È una spiegazione importante, che conferisce chiarezza al nostro discorso, perché

il seme è il contenitore della possibilità

Il seme offre una possibilità prima inesistente. Per la precisione è una possibilità esistente, ma invisibile. È invisibile perché è nascosta nel seme e non è ancora manifestata nella realtà. Allora,

**il seme, germogliando e crescendo,
rende visibile l'invisibile**

e, da quel momento, mette in condizione la mente umana di concepire ciò che prima era per lei inconcepibile.

È importante comprendere che

**se vedete una possibilità è perché essa esiste,
e qualcuno che la vive
ve la sta mostrando**

Questo qualcuno c'è sempre, ma non può fare nulla oltre che seminare.

Il miracolo avviene quando accogliendo il seme e custodendolo arrivate a farlo fruttificare. Il frutto è una comprensione che nasce in voi. Essa non è data, non è regalata, non è imposta e non è un dogma: *è un seme che germoglia in voi e grazie a voi*. La cosa importante è essere capaci di accogliere il seme e custodirlo fino a farlo germogliare.

Perché questo accada dobbiamo essere simili ad una buona terra.

In seguito il germoglio crescerà fino a diventare una pianta. La pianta produrrà frutti in abbondanza, i frutti saranno un cibo delizioso e ci doneranno numerosissimi semi.
Tutto questo per aver accolto e custodito un seme.

Torniamo alla legge dell'accidente.

**L'accidente è il caos,
l'irrequietezza e la guerra
che abbiamo dentro**

Più precisamente

l'accidente è la nostra divisione interna

Noi non siamo uno, ma molti. Ci sono molti io dentro di noi, molte micro-personalità che lottano per assumere il comando di quell'essere che chiamo *me stesso*.
In noi ci sono continue rivoluzioni; oggi va al potere mio padre, perché io ho dentro di me lo schema di mio padre, due minuti dopo mio padre viene deposto e assume il potere mia madre.
E così, in un attimo, passo dall'atteggiamento duro e autoritario, a quello dolce e comprensivo, e chi mi è davanti non capisce.

Alternativamente vanno al potere tutte le mie personalità (maschere, in gergo teatrale), tutti i personaggi del mio passato, il quale è sempre in agguato, pronto ad impossessarsi del mio presente, derubandomi così del futuro.

E così *me stesso* invece di obbedire alla coscienza, che è ciò che *io sono*, ma che di fatto non c'è perché dorme, cade in balia di innumerevoli personaggi che sono i fantasmi del passato.

Il cocchiere della carrozza cambia continuamente.

Un cocchiere conduce per un pezzo di strada, ma ben presto viene sostituito da un altro cocchiere. Sale uno e la carrozza va di qua, sale un altro e la carrozza va di là, arriva un terzo e la carrozza prende un'altra direzione ancora… e così incessantemente.

**L'accidente è il processo per cui
tutto accade,
ma non accade mai nulla**

È la condizione per cui

**molti uomini vanno ovunque,
ma non arrivano mai da nessuna parte**

e, meno che meno, arrivano nel luogo che desiderano.

Allora dobbiamo vedere bene come è fatto il meccanismo del sonno perché il sonno ci deruba di tutto: ci ruba l'esperienza, ci ruba la possibilità di nutrire l'anima, ci ruba la vita.
Il nostro scopo è imparare ad essere svegli.
Se riuscissimo ad ottenere, anche solo la percezione quotidiana, di essere addormentati, sarebbe un risultato straordinario.
La persona che è nel sonno più totale, sembra senza speranza.
Per fortuna non è così, perché ad un certo momento, la vita le presenta il conto e lei va a finire nel dolore.

**Il dolore è un amico che viene a salvarci
quando tutto è sul punto di essere perduto**

Il suo è però un intervento che è reso necessario solo dal dormire.
In altri termini

**si può fare a meno del dolore
e questo è ciò che fa un uomo intelligente**

Nel momento il cui il dolore raggiunge un uomo addormentato, in lui si produce un attimo di risveglio. L'uomo che fino a poco prima si negava ad ogni nuova esperienza, ora è pronto a tutto pur di uscire dal dolore. Quello è un momento magico perché

**il dolore, come stimolo,
è ineguagliabile**

È a quel punto che per la persona si apre la possibilità di intraprendere una ricerca della verità. Infatti,

**il desiderio di comprendere l'origine del proprio dolore
spinge l'uomo verso la conoscenza di se stesso**

È però anche possibile una falsa ricerca che ha un carattere consolatorio e funziona come un analgesico perché viene usata per non sentire il dolore, non per comprenderlo; per fuggire dalla realtà, non per calarcisi. In seguito l'uomo dorme più di prima, spesso convinto di essere sveglio.

Bisogna chiarire che la spiritualità può essere usata benissimo come sonnifero e, allora, produce un sonno veramente profondo. Un ego costruito intorno al concetto di virtù è un ego potentissimo. Un ego costruito intorno a un guru è un ego solido come la pietra. Spero che queste frasi non vengano fraintese, poiché la virtù e la presenza di un maestro, possono essere aspetti preziosi in una vera ricerca della Verità.

Comunque ciò che ci serve è un programma di risveglio.

La preghiera del *Padre Nostro* recita:
...sia santificato il Tuo Nome...
Come si fa a santificare il Suo nome? Beh, bisogna sapere qual è il nome per santificarlo. Il nome secondo la Bibbia è **Io sono**.

Infatti Mosè chiese a Dio: *quando mi chiederanno il tuo nome che cosa dirò?* E Dio rispose: *dirai che il mio nome è **Io sono**.*
Questo è il nome di Dio: ***Io sono***, cioè l'Essere, colui che è.

In termini umani ***Io sono*** indica la presenza cosciente, l'esserci, l'essere nelle proprie azioni e nella propria vita consapevolmente. Ecco che quando siamo presenti a noi stessi santifichiamo il Suo nome. Infatti ***Io sono***, quando è vissuto dall'uomo, rappresenta la santificazione del nome di Dio.

La nostra vita, per essere reale e non illusoria, ha bisogno di noi, e ha bisogno di noi attimo dopo attimo.
Noi siamo sottoposti alla legge dell'accidente perché non siamo mai presenti. L'assenza, cioè il non essere presenti a se stessi, è come una falla nella coscienza, un'apertura incustodita attraverso cui entra di tutto. Molto di ciò che entra ha poi il potere di possederci e portarci nella dolore. L'assenzio, secondo tradizioni antiche, è un liquore incredibilmente amaro.

Siccome tutto ciò nasce dal sonno della coscienza, serve un programma di risveglio. Il primo passo è la ricerca di una direzione. Quasi tutti gli uomini non hanno una direzione e vanno da tutte le parti. Quando hai una direzione, hai tantissimo; da quel momento incomincia il lavoro per imparare ad essere presenti.

E in che cosa consiste il lavoro?

Il lavoro è mantenersi fedeli alla direzione

Perché produce il risveglio?

Perché muovendoti lungo la direzione incontrerai l'attrito, la difficoltà. Essa da un lato è il richiamo al sonno, l'invito a dormire, dall'altro è la possibilità di andare oltre e di svegliarsi.

In quel momento dovrai decidere:

svegliarsi incomincia col decidere

E più tu sei fedele a te stesso e mantieni la direzione, più produci
il tuo risveglio e il tuo essere nella vita.

**Più ti svegli e più la vita
incomincia a corrispondere
a ciò che tu sei**

Ciò accade perché tu hai incominciato a selezionare le esperienze.
Allora produrre il risveglio vuol dire produrre una stabilità, una
volontà, un sapere chi sei, dove sei e dove stai andando.
Di un uomo sveglio, spesso si dice: *parla poco, dice solo ciò che
intende fare e poi lo fa.*

Noi ora siamo qui, insieme, e ci dedichiamo a queste riflessioni o
a questa lettura, ma poi dovremo tornare al nostro quotidiano e
ricordarci che lì c'è l'allenamento, il movimento e la vita.
Dobbiamo cercare di portare nel quotidiano la consapevolezza di
noi e di quello che vogliamo essere e fare: la consapevolezza del
fatto che ogni cosa della vita, anzi la vita stessa nella sua totalità,
si può rivedere e si può sempre ridefinire su una base diversa.

Noi, in questo preciso istante, possiamo

**ridefinirci in un modo
non determinato dal nostro passato**

Questa *nuova definizione di noi, di ciò che vogliamo essere,*
dobbiamo portarla nella vita quotidiana.
Spesso la dimenticheremo, ma se ci manterremo ad essa fedeli,
ciò accadrà sempre meno.

**Più avremo presente chi vogliamo essere
e più sarà chiaro qual è il nostro posto nel mondo**

Di fronte agli eventi che accadono *sapremo collocarci perché possiederemo una neutralità.*

Vedremo con chiarezza che se scateniamo o partecipiamo a una guerra, ci faremo male e quindi non lo facciamo.

È importante comprendere che

**per chi vuole svegliarsi,
la sveglia è una benedizione,
per chi vuol dormire,
la sveglia è una maledizione**

Si tratta sempre dello stesso orologio, però cambia il modo di vederlo, perché cambia lo scopo che ci siamo prefissi.

Pinocchio prende il martello e schiaccia il grillo parlante che è la voce della coscienza. Lo fa perché vuole andare a giocare nel paese dei balocchi, perché cerca il piacere.
Chi invece cerca la Verità vede nel grillo parlante un Maestro.
Allora

**Per chi vuol dormire
i maestri sono dei rompiscatole,
per chi vuole svegliarsi
i rompiscatole sono dei maestri**

Eppure si tratta sempre delle stesse persone!

Pinocchio ci mostra che l'atto di uccidere la coscienza, per metterla a tacere ed essere liberi di scivolare nell'irresponsabilità e nel sonno, è legato al desiderio del piacere.

Il sonno dell'umanità non è un sonno naturale, è un sonno
ipnotico, è il sesso… sesssssso………sessssss………ssssssss.
Sentite il sibilo delle esse? È il sibilo del serpente.

È un astuto serpente l'artefice del sonno.

Non vorrei essere frainteso, non sto sminuendo la sessualità.
Essa è sacra, fa incontrare l'uomo e la donna, fa sì che si amino,
fa nascere i bambini e perpetua la vita. Come potrei dirne male?

Parlo invece di un potere immenso che da tempo immemorabile
governa il mondo: ***il potere della seduzione.***
È un uso perverso dell'energia sessuale, che, fortemente collegato
al potere, al denaro e alla paura, tiene l'uomo nel sonno attraverso
l'idolatria del piacere.

Ma allora il piacere è sbagliato?

No, il piacere è giustissimo, quando è in armonia con la vita,
quando non è fine a se stesso. Ogni azione vitale, cioè utile alla
vita, contiene un giusto piacere. Mangiare, dormire, muoversi, far
l'amore sono esempi di azioni utili alla vita che, per questo,
contengono un giusto piacere: un piacere sacro.
La distorsione si crea quando l'uomo concepisce il piacere come
fine a se stesso e compie le azioni solo per il piacere che possono
procurargli.
Ad esempio lo scopo del mangiare è quello di nutrire il corpo.
Allorché l'uomo compie quell'azione, la natura lo ricompensa
con un giusto piacere che ne è la conseguenza e il premio.
Se invece mangia solo per godere del piacere del cibo, diventerà
prima goloso, poi ingordo, poi grasso e, infine, malato.
Ciò accade perché la ricerca del piacere fine a se stesso, produce
paradossalmente, proprio l'impoverimento del piacere. Ciò che
mi ha dato piacere la prima volta, me ne darà meno la seconda.

Serviranno stimoli più forti e diversificati, per garantire lo stesso piacere, che così finisce per funzionare come una droga, che crea dipendenza e necessita continuamente di aumentare la quantità di sostanza che deve essere assunta.

Il risveglio è una cosa molto diversa.

Conferisce valore e ricchezza a tutto: a tutte le cose della vita, a tutte le sensazioni, a tutte le emozioni, e anche a tutti i piaceri.
Il risveglio richiede perseveranza e quindi va di pari passo con la crescita del potere su di sé, della padronanza di se stessi.

Vuoi avere potere su di te? Se non sei capace di sottomettere la tua struttura, o meglio la tua ribellione, di che potere parli?

Non hai potere, se le tue parole non valgono niente perché non riesci a rispettare la parola data, se i tuoi sentimenti cambiano ogni trenta secondi, se non sai coltivare uno scopo in una maniera permanente superando le difficoltà.
Se non sai fare tutto questo, significa che la tua struttura non ti obbedisce.

Se tu non ti sottometti al tuo scopo,
la tua struttura non si sottometterà a te.
Non saprai mai comandare se non sai obbedire.
Sarai servito solo se sei capace di servire.
Se ti ribelli, tutto si ribellerà a te.
Se non obbedisci al tuo padrone,
i tuoi servi non obbediranno a te

La vita è quindi un organismo in cui tutte le funzioni sono fra loro collegate e coordinate: ciò comporta delle responsabilità.

Saper adempiere pienamente ad esse significa avere la ricchezza.

**La ricchezza é la capacità
di fare ciò che serve
nel momento in cui serve**

La ricchezza permette di vedere dispiegarsi davanti a noi un mare di nuove possibilità per la nostra vita, nuovi mondi che si aprono progressivamente.

Il modo in cui questi mondi si aprono, e la possibilità di percorrerli in successione producendo ciò che chiamiamo evoluzione, è governato dalla *Legge dei cosmi*.

Legge dei cosmi

L'evoluzione è un viaggio fra i cosmi
Una realtà occupa tre cosmi: quello dove si manifesta,
quello da cui proviene e quello verso cui si dirige

Senza la legge dei cosmi non esiste un sapere reale.
Questo sapere comincia dal fatto che c'è qualcosa sopra di noi e qualcosa sotto di noi.

Se non ci rendiamo conto di questo non sappiamo relazionarci con nulla, in maniera reale, e non sappiamo neanche chi siamo.
C'è qualcosa sopra e c'è qualcosa sotto: quello che è sotto lo posso vedere quando voglio e quello che è sopra mi vede quando gli pare. Quello sotto lo contengo e lo comprendo, quello sopra mi contiene e mi comprende, ma io non posso né contenerlo né comprenderlo. Posso però dirigermi verso di lui, posso cercare di espandermi per incominciare a comprenderlo e poterlo un giorno contenere. Questa è la prima cosa da capire.

È il mio esistere fra questo sopra e questo sotto che stabilisce la mia posizione, e quindi la possibilità di cambiarla.
Senza la legge dei cosmi, non esiste nessuna evoluzione.
Esistono solo sette miliardi di persone, ognuna convinta di avere ragione e di essere il centro di tutto. Il mondo è per loro solo un piano orizzontale, ove non esiste il cambiamento.

Esiste sì l'illusione del cambiamento, ma è sempre seguita dalla frustrazione del verificare che il cambiamento non c'è stato.
Vi consiglio la visione di un'opera teatrale: *Aspettando Godot*.

È un capolavoro del teatro dell'assurdo, una commedia in cui per due volte non succede nulla. Nel primo atto non accade nulla, mentre nel secondo atto si ripete ciò che era accaduto nel primo. L'autore si chiama Samuel Beckett. Vedetela se potete.

La legge dei cosmi, dice che ogni cosa non esiste in un mondo solo, ma in più mondi. Man mano che si passa da un cosmo a quello superiore, la medesima cosa, pur restando se stessa, acquista maggiore ricchezza, espressione e completezza.

È difficile da comprendere solo perché siamo cresciuti nel pregiudizio di una realtà senza livelli cioè disposta su un piano orizzontale.

Possiamo fare un esempio per comprendere l'idea dei livelli.
Nel Vangelo Gesù dice: *perdona i tuoi nemici*.
Ma è giusto perdonare i propri nemici? Certo, ma bisogna capire alcune cose per non fare confusione. Innanzitutto è importante sapere chi sei. Immaginiamo una persona che fin da bambino è stata picchiata, violentata e umiliata e non è mai stata capace di ribellarsi. Diventare capace di ribellarsi è un passo avanti o un passo indietro? Certamente un passo in avanti.
Allora colui che è bastonato, violentato e picchiato tutti i giorni, che vive nella debolezza e non ha prospettive se non quella di subire, se acquisisce la forza e il potere di ribellarsi, compie un grande passo avanti. In seguito si trova su un livello più alto rispetto a prima: un luogo popolato da altri che, come lui, hanno acquistato il potere di ribellarsi, ma che ora, sono continuamente in guerra fra di loro. Qual è il passo successivo?
Il passo successivo è quello di rinunciare alla sua ribellione per diventare un uomo di pace.
Sono tre cosmi: *vittima, ribelle, pacificatore*.
Sapete cosa dice Gesù dei pacificatori? Dice: "*Beati i pacificatori perché saranno chiamati figlio di Dio*". (Mt 5,9)

Vedete l'evoluzione? È il passaggio da vittima a figlio di Dio che è un viaggio della coscienza attraverso i cosmi.

Rivediamo ancora il cammino del nostro personaggio. Nel cosmo inferiore, se qualcuno gli da lo schiaffo, é per lui è importante diventare capace di restituirlo. Adesso che è capace di restituire lo schiaffo ricevuto, si trova nel cosmo intermedio, e il passo successivo è abbandonare l'attitudine appresa, e salire nel cosmo superiore esercitando il perdono. Devi diventare capace di ribellarti per poter superare la tua ribellione interna. Questi sono tre cosmi che formano un cammino. Se noi confondiamo i cosmi, accade che colui che prende botte dalla mattina alla sera, e non è capace di ribellarsi, è scambiato per un essere illuminato. Non è un essere illuminato, è una vittima!

Senza la consapevolezza dei cosmi, mi fermo alle apparenze

Un altro buon esempio viene dal superamento del sesso.
Molti insegnamenti spirituali predicano la sublimazione del sesso nel senso di indirizzare le energie della sessualità verso scopi superiori. Senza la legge dei cosmi accadrebbe che un uomo che è incapace di vivere una vita sessuale ritiene sé stesso un essere spirituale che ha trasceso la sessualità. Non è così! Non solo non ha trasceso la sessualità, ma non l'ha neanche intrapresa. Le sue energie sessuali non sono convertite ad uno scopo superiore, ma sono bloccate in una sessualità inespressa.
Prima bisogna far fluire l'energia bloccata, poi è possibile indirizzarla. Prima diventi capace di vivere una vita sessuale appagante, poi quando lo sai fare, puoi sottrarre energia e motivazione a questa esperienza per incanalarla in un'esperienza più grande.
Senza la legge dei cosmi ci si ferma all'apparenza e così si confonde l'impotenza con la purezza.

Dov'è la differenza fra l'impotenza e la purezza se all'apparenza sono uguali? La differenza è nella consapevolezza, nei pensieri, nei sentimenti, nell'atteggiamento e nella qualità della vita.
Non voglio però essere frainteso e quindi voglio precisare che vengono al mondo esseri per i quali l'esperienza della sessualità non è in alcun modo necessaria.

Tornando ai cosmi, vorrei farvi osservare che l'evoluzione non richiede la negazione della personalità, ma il suo superamento.
L'ego non deve essere negato, l'ego deve essere trasceso.
Se non hai una personalità come fai a superarla?
Un essere privo di personalità, non è un essere che l'ha trascesa.
Per questo Gesù dice: *tornate come bambini.*
Non dice rimanete bambini e rifiutatevi di crescere.

Anche qui ci sono tre cosmi: *il bambino, l'adulto, il saggio.*
Il bambino ha un'innocenza primitiva, ma non sa niente.
L'adulto, crescendo, ha perso l'innocenza e ha acquisito il sapere frammentandosi in milioni di micro-personalità.
Il saggio ritorna come bambino e riacquista la semplicità. La sua semplicità, però, non è ignoranza, ma è l'organizzazione di una grande complessità. È la dissoluzione di un grande sapere. Nel saggio, il sapere intellettuale, che vive di polarità, si dissolve in una fusione degli opposti che porta integrità, unità e pace.

Il bambino è integro, il saggio è integro, ma l'integrità del bambino esiste prima dell'esperienza, l'integrità del saggio esiste dopo l'esperienza.
Il bambino è vuoto, l'adulto è pieno, il saggio è di nuovo vuoto. Il saggio è un adulto, che si è svuotato del suo sapere. Ha riversato il suo sapere nel fare ottenendo la comprensione. Dopodiché è di nuovo vuoto ed è pronto per un nuovo sapere da cui ottenere una nuova comprensione.

Parlando di coloro che sono vuoti Gesù afferma (Mt 5,3):
Beati i poveri in spirito perché di essi è il regno dei cieli

Infatti per loro tutte le possibilità sono aperte e possono coglierle.
Invece, per coloro che sono pieni dell'arroganza del sapere, le
possibilità restano invisibili, inconcepibili e irraggiungibili.
Infatti, quando il sapere non si trasforma in esperienza, staziona
nella mente e impedisce l'ingresso al nuovo sapere e lo fa con le
armi del giudizio e della negazione. Quando arriva ad impedire
sistematicamente l'accesso del nuovo, il giudizio diventa
pregiudizio, e si consolida in arroganza che è una forma cronica
di rifiuto che blocca ogni possibilità.

Gesù dice anche (Mt 11,25):
*Io ti rendo lode Padre ... perché hai nascosto queste cose ai dotti
e ai sapienti e le hai rivelate ai piccoli...*

È un perfetto elogio della semplicità dei saggi che, diventando
grandi nella comprensione, ritornano piccoli nel sapere.

La semplicità è la fine del sapere
e la cessazione delle domande

Infatti, nel preciso istante in cui nasce la domanda, sorge anche la
risposta. Così scompare la risposta e scompare anche la domanda.

Domanda e risposta si cancellano a vicenda
producendo un nulla che è saggezza

Noi dal nostro livello, vediamo ciò che è sotto e intravediamo ciò
che è sopra.

Se arriva una persona che è tre livelli più in alto di noi, che cosa
facciamo?

Non la riconosciamo e spesso la collochiamo, nel nostro giudizio, al nostro stesso livello se non ad uno più basso. Bisogna osservare come una grande quantità di confusione nasce dalla mancanza di questa percezione dei livelli.

*Sapete che **Diavolo** significa colui che divide?*

Nel piano orizzontale divide gli abitanti e li mette l'uno contro l'altro. ***Così crea la guerra.***
Lungo l'asse verticale confonde i livelli. Prende i contenuti dei vari livelli e li mette tutti sul piano orizzontale in modo da distruggere la scala del valore, e impedire il riconoscimento dell'alto e del basso. ***Così impedisce l'evoluzione.***

Infatti, senza i livelli, tutto si confonde, e l'uomo perde ogni possibile direzione evolutiva, a maggior ragione se la sua vita è continuamente impegnata in guerre.

La distruzione dell'alto e del basso impedisce di riconoscere nel piano orizzontale il tempio della ricerca della verità e permette che venga trasformato in campo di battaglia.

**La via della verità è il cammino verticale
lungo il quale
la visione, innalzandosi progressivamente,
diventa sempre più inclusiva**

Se l'alto e il basso cessano di esistere, la visione si riduce alla visione orizzontale e la ricerca della verità perde ogni significato.

Nel piano, la verità, non è più una scala da salire, ma un oggetto da possedere. Infatti, siccome tutto ha perso altezza e profondità, l'invisibile diventa inconcepibile e la verità finisce per coincidere con ciò che si vede.

Allora, l'uomo *crede ciecamente in ciò che vede* e incomincia a dividere le cose del mondo in vere e false. Questa divisione avviene grazie ai giudizi che gli uomini danno delle cose, degli eventi e, soprattutto, degli altri uomini. È l'inizio della guerra. Il giudizio è già guerra! Inoltre l'uomo cerca di fare sue e accumulare per sé tutte le cose che ha ritenuto vere. Pensando di aver accumulato e di possedere moltissime verità, arriva a considerarsi il possessore della verità. A questo punto la guerra, diventa sistematica e inarrestabile. È la guerra nei confronti di coloro che non riconoscono la verità e che noi scateniamo perché non siamo più in grado di comprendere che essi hanno la loro verità come noi abbiamo la nostra.
Vorrei richiamare l'attenzione su quanto rivelatrice e paradossale sia la frase: l'uomo crede *ciecamente* in *ciò che vede*.

In generale, in qualunque circostanza o processo,

**colui che divide,
blocca l'evoluzione
e crea la guerra**

Quando questa azione della divisione avviene sistematicamente, la vita reale, che è il mondo dove l'uomo crea la propria realtà, svanisce. Il suo posto viene preso dalla sopravvivenza, che è il mondo dove tutto accade perché l'uomo, invece di creare la propria vita, la subisce.

Chi è nella vita reale vede solo possibilità da vivere e così considera la vita alla stregua di un padre amorevole.
Quindi la benedice tutti i giorni.

Chi è nella sopravvivenza vede solo accadimenti indesiderati e, sentendosi in prigione, vede nella vita un carceriere.
Quindi la maledice tutti i giorni.

Osserviamo che, senza la verticalità dei livelli,

**la visione diventa divisione,
e la divisione esclude
ciò che la visione includeva**

Ma torniamo alla vita su un unico piano.
Su un solo piano, non so cosa devo fare, non so da dove vengo e non so dove vado.
L'unica cosa che so è che ci sono delle cose che mi piacciono e delle cose che non mi piacciono.

Supponiamo che arrivi una malattia.
Che cos'è questa malattia? È l'equivalente di una tegola che mi è caduta sulla testa, una maledizione di cui mi voglio liberare.
Così funziona il mondo su un piano solo. C'è solo il benessere e il disagio. Il disagio lo voglio cancellare e il benessere lo voglio tenere. Non ci sono domande, non ci sono risposte, non c'è conoscenza di sé, ma c'è continua consumazione, continui problemi. Talvolta, proprio grazie a una malattia incomincio a pormi delle domande. E così posso arrivare ad una visione del movimento. Non la stasi e l'immutabilità, non un mondo sempre uguale, ma in movimento. Incomincio a vedere le cause, gli effetti e le leggi che governano gli accadimenti.
Capisco che ho prodotto uno squilibrio che ha creato il mio stato di malattia e che quella cosa che chiamo malattia, è solo il modo in cui vedo il mio squilibrio.
Non è una sfortuna, è lo squilibrio che ho generato e che, se lo comprendo, mi permette di riequilibrarmi.
Vedete come la legge dei cosmi mostra le possibilità del cambiamento?
Sul piano orizzontale non c'è cambiamento. Così come è vissuto tuo padre, così era vissuto tuo nonno, così vivrai tu, così vivrà tuo figlio.

Senza la legge dei cosmi non c'è evoluzione, c'è solo sopravvivenza e consumazione: non c'è speranza. Che speranza può esserci in chi ha solo una visione orizzontale e non riesce ad alzare la testa verso l'alto? Non vede il cielo, né il sole, né le stelle. L'unica prospettiva del piano orizzontale è la quantità: una serie sterminata di oggetti che si estende fino all'orizzonte. L'unica prospettiva è impossessarsi di più oggetti possibili fino alla consumazione della vita senza un vero cambiamento della qualità dell'essere. È per questo che Gesù, che era maestro della visione verticale, diceva:

**A che ti serve conquistare tutto il mondo
se poi perdi te stesso?**

Anche il corpo dell'uomo è composto di tre mondi: il mondo superiore è la testa, il mondo intermedio il torace e le braccia, il mondo inferiore il bacino e le gambe. Al suo interno vi sono varie forme di evoluzione. Ad esempio le sostanze ingerite sono soggette a movimenti e raffinazioni per trasformarle in nutrimento adatto ai vari tipi di cellule.

Questo breve accenno alla struttura dell'uomo è stato fatto solo per dire che

**i cosmi esistono fuori di noi
ed esistono dentro di noi**

Insomma noi dobbiamo abbandonare l'idea che esista un livello solo: che la terra sia piatta, che il pensiero sia piatto, che l'amore sia piatto, che la vita sia piatta, che la realtà sia piatta.

La realtà non è piatta, è sferica anzi è multidimensionale, multilivello, multi frequenziale ed olografica.

Tutto ciò vuol dire che è viva

Chi ti dice che una cosa che per te è certa, non risulti del tutto diversa, se viene letta da un punto di vista più grande?

Vi ricordate il nostro esempio ?
Io sono cristiano e ho capito che se uno mi percuote posso perdonarlo e porgere l'altra guancia.

Primo gradino: so solo subire e vengo sempre preso a pugni
Secondo gradino: acquisto la capacità di ribellarmi e mi ribello.
Terzo gradino: sono capace di ribellarmi, ma porgo l'altra guancia e acquisto la capacità di perdonare.
Quarto gradino: ho un amico il quale più lo perdono e più mi picchia. Io ormai sono indifferente al fatto che mi picchia, ma capisco che perché lui possa vedere l'ingiustizia del suo comportamento, ha bisogno di uno stop. Io, sono indifferente alle percosse e sono capace di non reagire, ma poiché provo una profonda compassione nei suoi confronti, decido di restituirgli lo schiaffo. Non per me, ma per lui!

Come vedete i comportamenti sul quarto e sul secondo gradino sono esteriormente identici, ma evolutivamente differenti. Stessa cosa per il terzo e il primo gradino. Dove risiede allora la reale differenza? Risiede nell'interiorità del soggetto cioè nel suo livello di coscienza.

Allora quando voi vedete che uno restituisce uno schiaffo a un altro non potete dire: non dovrebbe fare così! Deve perdonare! Magari lui ha già perdonato: la capacità del perdono l'ha già acquisita e ora sta imparando quella della compassione.

**Non potete giudicare le altre persone
perché non conoscete il loro livello di coscienza**

È evidente questo, no?

Giudicare è la dimostrazione esatta di non possedere l'idea dei livelli ed è la caratteristica di chi è totalmente ignorante delle leggi della vita oltreché di se stesso.

Nel Vangelo un ragazzo si avvicina a Gesù e gli dice: *vorrei venire con te, ma prima devo seppellire i miei genitori appena morti.*
Gesù risponde: *Lascia che i morti seppelliscano i morti.*
Il ragazzo vedendo Gesù, ha intravisto la possibilità di una nuova vita, la porta che conduce al cosmo superiore.
Anche qua ci sono tre mondi: *il passato*, rappresentato dai genitori morti, *il presente*, al cospetto del Maestro, e *il futuro*, che è il nuovo mondo che gli si offre in quel momento.
I genitori sono morti perché il passato è sempre morto e attaccarsi al passato significa vivere abbracciati a dei cadaveri.
La risposta di Gesù indica che non c'è nessuna possibilità di evoluzione rimanendo collegati al passato.

Dovete capire bene che il passato ha un potere immenso.
Il passato in realtà non esiste più. Ciò che permane in noi è la memoria del passato. Noi possiamo farlo rivivere e rimanere attaccati ad esso. I fantasmi del passato possono solo vivere una vita effimera succhiandosi la nostra energia vitale. Questa è la ragione per cui il passato divora il presente e impedisce il futuro.
Allora noi, continuando a far rivivere il passato, impoveriamo la nostra vita e ne blocchiamo l'evoluzione.
Nel passato non ci sono possibilità, c'è solo impotenza e ciò spiega la frase di Gesù: *lascia che i morti seppelliscano i morti.*

In ogni istante io occupo tre cosmi: il cosmo intermedio dove sono, il cosmo inferiore da cui provengo, il cosmo superiore verso cui mi dirigo. Al di sopra e al di sotto di questi, esistono altri cosmi. Evolvere significa portare il cosmo intermedio verso il cosmo superiore.

Così quello che era il cosmo inferiore scompare dall'insieme dei tre cosmi. Il cosmo intermedio diventa il nuovo cosmo inferiore, il cosmo superiore diventa il cosmo intermedio e un nuovo cosmo superiore appare all'orizzonte.

Spostando in alto il cosmo centrale, chiudo col cosmo inferiore.
La frase di Gesù indica che è indispensabile chiudere col cosmo inferiore perché altrimenti ti risucchia e ricadi indietro.
Una delle ragioni per cui non ce la facciamo ad evolverci è che non chiudiamo del tutto col cosmo inferiore, non lasciamo andare definitivamente il passato.

La legge dei cosmi in termini generali può essere così riassunta:

- **i cosmi formano una scala**
- **tre cosmi successivi costituiscono una realtà**
- **a seconda che la terna di cosmi salga o scenda, la realtà subisce un'evoluzione o un'involuzione**

Un altro punto fondamentale: *senza la comprensione della legge dei cosmi non esiste una via per la pace.*

L'umanità per millenni si è occupata solo di vedere la superficie del pianeta dicendo: *questo è mio.* Così sono stati millenni di guerra. In uno spazio orizzontale esiste una sola possibilità: la disputa per il possesso del territorio e delle energie. E non fa differenza se la disputa riguarda gli affetti, lo sport, la politica, il petrolio, la religione… Ciò che conta è che la mancanza di una direzione verticale, evolutiva, di crescita della coscienza e dell'essere, fa sì che il piano orizzontale sia governato dalla legge del più forte. È proprio per l'incapacità di concepire la direzione verticale che la guerra non può ancora essere rimossa dalla vita e dalla storia dell'umanità.

Vorrei ora parlarvi di come la legge dei cosmi funziona in un gruppo di ricercatori.

Se io sono qui e c'è un muro davanti a me, vi dico: *vedo un muro.*
Se quattro persone mi prendono e mi sollevano al di sopra del muro, vi dico: *vedo grandi orizzonti, fiumi, montagne, e altre bellissime realtà.*
Se poi mi fanno scendere dirò di nuovo: *vedo un muro.*

Allora vuol dire che io che vi parlo non vi porto ciò che è mio, perché di mio non esiste nulla o se esiste ha ben poco valore.
Non esiste il mio, esiste il nostro ed esiste un senso che si chiama vista. Il suo organo sono gli occhi che si trovano nella parte alta della testa, e non altrove.
Che significa?
Significa che se c'è l'armonia del gruppo dei presenti, se vi è una vibrazione d'amore e di pace, io vengo sostenuto e sollevato da questa vibrazione. Così sono in grado di vedere oltre ciò che vedo normalmente, e ciò che riesco a vedere ve lo descrivo.
È il rapporto fra un cosmo e quello immediatamente superiore. Il cosmo inferiore da sostegno a quello superiore, il cosmo superiore offre visione e nutrimento a quello inferiore. Offre al cosmo inferiore quella visione cui ha avuto accesso proprio grazie al suo sostegno. È uno scambio, che però non avviene orizzontalmente, ma verticalmente: avviene dal basso verso l'alto e dall'alto verso il basso.

Prendiamo ad esempio il corpo umano. Perché mangiamo? Per nutrire le cellule. Perché le cellule non si arrangiano a mangiare per conto loro? Perché non si mangiano un bel piatto di pastasciutta? Non possono; al massimo potrebbero cercare di rubare un po' di sostanze chimiche alle altre cellule.

Capite che vita miserevole sarebbe quella per le cellule?

Lo capite sicuramente perché sono gli uomini che vivono così, sempre in guerra l'uno contro l'altro.

Infatti, essendo convinti che esista solo il piano orizzontale, si muovono nella paura e nell'individualismo e non hanno coscienza di essere cellule di quell'essere più grande che si chiama **Umanità**.

Le cellule invece conoscono la legge dei cosmi nel senso che la applicano continuamente.

Le cellule compongono il corpo. Il corpo mangia un piatto di spaghetti, due bistecche e beve un bicchiere di vino, dopodiché trasforma il tutto in sostanze che invia alle cellule.

Così le cellule sostengono il corpo che a sua volta le nutre.

Senza il corpo, le cellule, non avendo la dimensione adatta ad assimilare un piatto di spaghetti, ma solo sostanze chimiche, potrebbero, al limite, cercare di procurarsi direttamente queste sostanze. Farebbero veramente poca strada e, al massimo, si potrebbero aggregare in microorganismi. Mancherebbe loro l'energia e l'organizzazione per formare tessuti e organi.

Ciò è invece reso possibile dalla legge dei cosmi che consente un funzionamento su più livelli contemporaneamente, mentre uno scambio continuo di informazioni e sostanze si verifica fra un livello e l'altro.

Questa è la ragione per cui, nell'evoluzione della coscienza dell'uomo, serve un gruppo di lavoro: perché da soli si va veramente poco lontano.

Puoi stare in un mondo piccolo a raccontarti quanto sei bravo e buono e quanto cammino spirituale hai fatto.

Però poi potresti accorgerti che negli ultimi vent'anni la tua vita non è mai cambiata, e se la tua vita negli ultimi vent'anni non è mai cambiata, quanto è grande il tuo cammino spirituale?

Non molto grande.

Allo stesso modo, quando tu ti unisci ad altri, costituisci un nuovo organismo, un nuovo essere, che ha accesso a un mondo più grande.
È la testa di questo essere che vede il mondo più grande, prende da esso un po' di cibo, e lo trasforma in sostanze che tu sei in grado di assimilare.
Tutto questo fino a quando tu continui a sostenerlo.

La cultura contemporanea fa confusione, perché ha dimenticato la struttura a livelli della realtà, e abbiamo già detto chi è che ha lavorato con impegno, affinché questo oblio si è producesse.

È allora importante reintrodurre, nella cultura comune e nella società umana, l'idea dei livelli.
Se il livello è uno solo, tutto è tecnica e tutto si riduce alla professionalità.
Allora è giusto dire: " sei laureato in psicologia, fai lo psicologo".

Come può un uomo fare efficacemente lo psicologo se la sua vita è tutta un fallimento?

E se tutta la sua vita è una guerra, come può condurre un altro verso un equilibrio e una pace?

Ha studiato la psicologia, possiede un sapere, ma non ha l'essere che serve ad accostarsi al mondo interiore di un'altra persona. Non ha quasi niente da dare agli altri perché non ha prodotto ricchezza per se stesso. Il suo essere psicologo è solo una forma esteriore priva di spessore, di profondità, di realtà.
Tutto questo la cultura moderna non riesce a concepirlo.

Vi porto un esempio che ho vissuto di persona. Una bambina affetta da ritardo mentale ha frequentato per cinque anni le elementari e non ha imparato né a leggere e né a scrivere.

A nulla è valso essere seguita da una equipe formata da neuropsichiatra, insegnante di sostegno, e maestre capaci. Nonostante l'elevata professionalità di queste figure lei riempiva i quaderni, decine di quaderni, con una sola parola "enta, enta, enta, enta". Ha scritto centinaia, centinaia e centinaia di pagine sempre ripetendo, solo e soltanto, la parola "enta".
La sua insegnante di sostegno veniva spesso ripresa dai superiori, dagli psicologi, perché era troppo coinvolta emotivamente dalla bambina. Le dicevano: "tu vuoi troppo bene a questa bambina, sei troppo coinvolta, sei poco professionale" e così questa brava signora, reprimeva se stessa e la manifestazione del suo affetto.

In prima media alla bambina venne assegnata una nuova insegnante di sostegno. Anche lei, fin da subito, la amò profondamente e, siccome il suo essere era di un certo livello, era ben salda nei suoi sentimenti, poco condizionabile, e non si curava minimamente della professionalità esteriore. Lavorò con impegno e con passione, semplicemente lasciando fluire i suoi sentimenti, nutrendo fiducia nella bambina, e nel suo valore.
Ebbene, in soli tre mesi la bambina imparò a leggere e scrivere.

Quindi vi sto dicendo che la nostra cultura sostituisce la professionalità all'amore e il sapere alla comprensione perché interpreta la vita come un piano orizzontale.
Non può fare diversamente perché non possiede l'idea dei livelli.
Le risulta anche difficile produrla, perché, ammettendo questa idea, molte delle istituzioni della società moderna crollerebbero nella loro forma attuale, prima fra tutte la scuola, seconda la giustizia, terza la politica, quarta l'economia. Naturalmente, in questo elenco, avrei dovuto mettere la religione al primo posto.

Abbiamo scuole che insegnano l'accumulo delle nozioni ma non insegnano lo sviluppo della coscienza, non insegnano a diventare diversi, e, meno che meno, ad essere felici.

Abbiamo scuole in cui se studi psicologia, acquisti un sapere e quando sei laureato vieni chiamato psicologo, ma continui ad essere esattamente la persona che eri prima.

Se la società entrasse nella dimensione della coscienza dovrebbe ammettere la sua impotenza, ma non lo fa e rimane sul piano della cultura, una cultura che, senza l'idea di scala e senza la percezione dei livelli, resta in una visione primitiva della realtà.

Questa visione non ti permette di capire che

ci sono cose che resteranno inaccessibili al tuo sapere finché non cambi la qualità del tuo essere

La cultura ordinaria, l'essere non lo prende proprio in esame, ritenendo che l'uomo possa saper tutto senza cambiare.

Facciamo un esempio.
La vita è un piano orizzontale e su questo piano incontro qualcosa che mi piace, ad esempio la lingua inglese, per cui decido di frequentare una scuola per studiarla.
Finita la scuola conosco quella lingua, ma resto esattamente ciò che ero prima.
Dopodiché, se voglio, posso imparare un'altra lingua.
Quante lingue ci sono? Migliaia.
Posso passare tutta la mia vita a studiare le lingue, rimanendo sullo stesso piano e restando, sempre e soltanto, quello che ero.
Quindi
nel piano vige la legge della quantità

Vuoi fare dei corsi? Ne puoi fare fin che vuoi.
Vuoi vedere dei film? Ne puoi vedere fin che vuoi.
Vuoi fare dei viaggi? Ne puoi fare fin che vuoi.
Voi vivere delle storie d'amore? Ne puoi vivere fin che vuoi.
Ma sono sempre tutte la stessa cosa.

Gesù dice: *Che giova all'uomo guadagnare il mondo intero, se poi si perde o rovina se stesso?* (Lc 9,25)

Splendida, sintetica ed essenziale domanda che sottintende un insegnamento che potremmo così esprimere:

**Impara la lezione del mondo in cui vivi,
poi, non attardarti oltre, ma sali al mondo superiore**

**Infatti, salendo in alto trovi te stesso
indugiando in basso perdi te stesso**

Nel cosmo inferiore puoi conoscere una sola cosa alla volta, ma quando sei nel cosmo superiore conoscerai tutto il cosmo sottostante con un unico sguardo.

La legge dei cosmi è indispensabile per comprendere come avviene l'evoluzione che, a sua volta, coinvolge un grande numero di processi.

Qual è la legge che regola lo svolgimento dei processi?

È la legge d'ottava.

Legge d'ottava

> *Un percorso incominciato e finito è un'ottava*

La legge d'ottava è la legge che regola lo svolgimento dei processi.

L'ottava è il compimento di un processo. Quando parto da un punto di partenza e raggiungo un punto d'arrivo compio un'ottava che è piccola, se il processo è piccolo, grande, se il processo è grande. Piccola o grande è però sempre un'ottava. Quindi l'ottava è il concetto che mi consente di comprendere i processi, non gli oggetti o gli eventi, ma i processi.

L'ottava è riprodotta in maniera perfetta nella scala musicale. Supponiamo di suonare una scala di Do. I primi tre suoni sono Do, Re, Mi. Essi sono separati da intervalli uguali e quindi possono essere suonati meccanicamente. Al Fa incomincia ad esserci una difficoltà da affrontare, un cambio di intervallo che per essere suonato richiede un'attenzione. Allora il primo passo è facile, il secondo è facile, il terzo è facile, al quarto passo la situazione cambia e serve una presenza, un'attitudine nuova per poter mantenere la direzione della scala di Do.

Nell'intera ottava che va dal Do al Do successivo, di questi passaggi critici ne esistono due, uno fra il Mi e il Fa e l'altro fra il Si e il Do, cioè fra la terza e la quarta nota e fra la settima e l'ottava.

La legge d'ottava ci mostra che in un processo che si svolge verso una certa direzione ci sono dei momenti in cui il processo può continuare meccanicamente e due momenti in cui è necessaria un'attenzione, altrimenti la direzione viene perduta.

Se io non ho questa consapevolezza non riesco a tenere la direzione, quindi farò Do, Re, Mi e poi perdo la direzione.

La legge d'ottava governa la vita in una maniera straordinaria.

Naturalmente chi la conosce, e conoscerla vuol dire conoscerla in se stessi, sa quali sono i momenti di esercitare un'attenzione, un ricordo di sé, un ricollegarsi al proprio scopo, momenti in cui non bisogna assolutamente mollare di fronte alla difficoltà, altrimenti tutto viene vanificato.

Che cosa è la difficoltà?

La difficoltà è un momento di fragilità che nasce dalla nostra frammentazione, dalla nostra divisione interna.

Quindi, tutte le difficoltà sono figlie di un'unica difficoltà: la mancanza di integrità.

Un uomo integro tende a non vivere la difficoltà, e spesso a non vederla, neppure in situazioni dove altri ne farebbero un dramma.

Ogni volta che ci manteniamo fedeli al nostro scopo di fronte alla difficoltà, la nostra divisione interna e la nostra debolezza e diminuiscono. Infatti

l'integrità è forza

Conoscete la storia di Ulisse che passa con la nave davanti all'isola delle sirene?

Quando i naviganti passano davanti all'isola delle sirene, ammaliati dal loro canto meraviglioso, si gettano in acqua e annegano. Per questo i compagni di Ulisse si tappano le orecchie con la cera, in modo da non sentire il canto.

Ulisse però, il canto lo vuole sentire, e quindi si fa legare all'albero della nave.

Si fa legare perché sa che, ascoltando il canto delle sirene, si getterà in acqua.

Potrebbe pensare di resistere, ma sa anche che quando sentirà il canto delle sirene, quel canto influenzerà il suo pensiero e, da quel momento, vedrà le cose in modo diverso: tuffarsi in mare sarà una tentazione bellissima e seducente. Siccome è saggio, si fa legare e dice ai compagni: *urlerò, vi implorerò di liberarmi, ma voi non fatelo.* Allora Ulisse ha eletto i suoi compagni, il gruppo dei suoi compagni, a suo maestro. Il suo messaggio silenzioso è : *quando io sarò sul punto di incontrare il nulla fra il Mi e il Fa, voi tenetemi legato perché altrimenti mi perdo.*

Ulisse è la guida dei suoi compagni, ma ha la saggezza di eleggere l'insieme dei compagni a propria guida nel momento opportuno.

Così riesce a superare il primo passaggio critico dell'ottava.

Sempre nell'Odissea c'è un altro esempio bellissimo della legge d'ottava. Ulisse sta tornando da Troia, con tutta la sua nave. Vuole tornare a casa, ma non può perché la nave, in balia dei venti, non riesce a tenere la direzione giusta.

Psicologicamente, i venti rappresentano tutti i nostri io che ci spingono uno di qua e uno di là e non ci permettono di mantenere la direzione. Sono l'irrequietezza che non ci consente di essere fedeli a noi stessi.

Alla fine Ulisse va da Eolo, il dio dei venti. Eolo imprigiona tutti i venti in un sacco e consegna il sacco ad Ulisse. Essendo tutti i venti imprigionati nel sacco, Ulisse e i compagni possono remare alla volta di Itaca e, in breve tempo, ci arrivano e la avvistano. Itaca è là davanti a loro. Sono arrivati, la vedono. Sono stanchi ormai, stanchissimi, hanno remato tanto, i venti sono tutti dentro il sacco. Questo gruppo di persone, nel loro viaggio, si trova esattamente sul Si e deve passare dal Si al Do. Basta salire un ultimo piccolo insignificante gradino e sono arrivati a casa.

Ulisse stremato cade addormentato. La legge di ottava ci dice che, nei punti critici, addormentarsi non è certo il massimo, anzi bisognerebbe essere assolutamente svegli.

Comunque ormai Ulisse dorme e i compagni pensano: *chissà quale tesoro nasconde dentro quel sacco che si tiene sempre accanto, e non apre mai...* Così mentre dorme aprono il sacco. Con grande violenza escono fuori tutti i venti e nasce una tempesta. La nave trasportata dalla tempesta va a finire in luoghi lontani e sconosciuti. Ci vorranno vent'anni per ritornare ad Itaca. Vent'anni per aver perduto l'occasione di fare quel piccolo ultimo gradino che era a portata di mano.

C'è un insegnamento molto grande in tutto ciò.
Quando voi intraprendete un cammino di trasformazione, ad un certo punto, se avete fatto un buon lavoro, incontrerete il rifiuto del lavoro stesso. Allora siete a un punto critico, siete fra il Mi e il Fa. Questa è solo la prima difficoltà.
Ne incontrerete tante altre, due in ogni ottava che percorrerete. A volte però, vi troverete veramente poco lontani da Itaca, da casa, e ci sarà qualcuno che aprirà il sacco.

Magari, nel viaggio verso la vostra anima, siete arrivati in un punto ove manca poco per stabilire il contatto.

Normalmente su questa soglia l'uomo viene preso dalla paura. Attenti che se abbandonate lì, usando centomila giustificazioni che non stanno né in cielo né in terra, dopo, per ritornare allo stesso punto ci vorranno vent'anni.

Un processo incominciato e finito è un'ottava.
L'ottava è il raggio del mio mondo: infatti, il mio mondo è grande come il mio fare, e quindi l'ottava che io riesco a portare a termine, misura il raggio del mio mondo, la sua grandezza.

Incomincio a fare una torta e riesco a terminarla ottenendo una torta buona? Ok, questa è la dimensione di un mondo. Io vivo in un mondo che è grande almeno come il fare una torta.

Sono capace di creare una pasticceria? Questa è un'altra ottava; è più grande e chi sa mettere su una pasticceria sa anche fare una torta, perché il più grande contiene il più piccolo.
Sono capace di creare un'azienda di dolciumi e farla prosperare? Ecco, questa è un ottava molto più grande.

Mentire a sé stessi significa attribuirsi un fare che non si possiede, cioè un ottava che non ci sta nel proprio mondo.

È un'ottava che ha un raggio più grande del raggio del mondo in cui vivo e quindi non può esservi contenuta.

Ogni processo è un'ottava, ogni processo è composto da altri processi, quindi ogni ottava è composta di ottave più piccole.

Costruire una casa è un'ottava grande che contiene ottave più piccole. Impastare la calce è un'ottava piccola. Il manovale non sa fare la casa, sa impastare la calce. Il muratore gli ordina di farlo, perché è la sua ottava, quella che è capace di compiere. Il muratore esperto che contiene più ottave sa fare la calce, sa fare l'intonaco, sa tirar su i muri …. e alla fine fa venire fuori la casa.

Quindi il mio mondo è un'ottava grande, un fare grande, un mondo grande, che contiene ottave più piccole, dei fare più piccoli, dei mondi più piccoli. Allora perché non mi prendo un mondo più grande ancora? Il mondo grande non è la somma mondi piccoli? No! contiene molti mondi piccoli, ma è molto di più della loro somma. Rispetto alla loro somma contiene una qualità aggiuntiva. Se fosse un insieme di mondi piccoli, chi sa fare ciò che è piccolo saprebbe fare anche ciò che è grande. E invece non è così, infatti fare una casa non è la stessa cosa di fare duemila tonnellate di calce.

L'ottava è anche una misura della difficoltà.

Più l'ottava che sai eseguire è grande, tanto più è grande il tuo mondo, tanto più è piccola la tua frammentazione interna.

Se la tua frammentazione e divisione interna è molto grande potrai solo eseguire ottave piccole.

A ciò alludeva Gesù affermando (Mt 12,25):
Ogni casa divisa in se stessa non potrà reggere.

Infatti se la frammentazione è grande, l'individuo è irrequieto e non disporrà di una attenzione così permanente e costante da reggere nei punti critici dell'ottava grande e di tutte le ottave piccole che la compongono.

Ognuno di noi dovrebbe porsi sinceramente queste tre domande che sono in realtà un'unica domanda:

Quanto è grande il mio fare?

*Quanto è grande l'ottava che sono capace
di portare a termine?*

Quanto è grande il mio mondo?

Chi sa rispondere a queste domande, sa anche quanto è grande la sua frammentazione e quanto è lontano dalla sua unità e integrità.

Legge del dare e del ricevere

> *Il dare e il ricevere sono due quantità in perfetto equilibrio: l'una definisce la grandezza dell'altra*

Questa è la legge:

il dare e il ricevere sono sempre in equilibrio

Quando comprendi questo, comprendi tante cose, comprendi che se pensi di ricevere poco e di dare tanto, non è vero.

Tu ricevi esattamente ciò che dai. Quando dici che ricevi poco, in realtà stai dicendo che non ricevi ciò che vorresti. Non stai parlando del dare e dell'avere, stai parlando del pretendere.
Al pretendere, non c'è limite: posso pretendere tutto ciò che voglio senza alcun vincolo. Il pretendere, però, non porta al ricevere, poiché ciò che porta al ricevere è il dare.
E a che cosa porta allora il pretendere? Il pretendere porta alla frustrazione!
Siccome ti verrà dato ciò che dai, se tu pretendi, e ciò significa che vuoi ricevere senza dare, andrai incontro alla frustrazione.
Dovrai arrabbiarti con un sacco di gente, alla quale poi, normalmente, non gliene importa niente.

Tu sei un tubo, da una estremità ricevi e dall'altra dai.
La domanda importante è: *quanto è grande il tuo tubo?*
Se il tuo tubo è piccolo ricevi poco e dai poco.
Il segreto di una vita felice è essere un tubo grande.
Tutto l'evoluzione consiste nel diventare un tubo grande.
Se sono un tubo grande do tanto e ricevo tanto.

Sei un tubo piccolo?
Se sei un tubo piccolo, che cosa pretendi?
In un tubo piccolo può entrare poco.
Vorresti ricevere tanto, da metter dove?

Quindi la legge è: il dare e il ricevere sono in equilibrio.
Se ricevi tanto è perché dai tanto.

Vuoi ricevere solo, senza dare?
Ah, stai contravvenendo a una legge: non funziona!

Ma se vuoi metterti in una dimensione di grande scambio, allora
ingrandisci il tuo tubo.
Arriverà tanta acqua e tanta acqua darai.

Un tempo per ogni cosa

È essenziale avere uno scopo e riconoscere ciò che è utile al suo raggiungimento

Esiste un tempo per ogni cosa e il tempo dipende dalla velocità. La velocità dipende da un'attitudine che è la pazienza. Pazienza significa riconoscere il tempo che una cosa richiede.

Diceva una massima cinese: se corri stai ritardando.

Quando un uomo comprende che nella sua vita tutto accade, e riconosce che non è in grado di fare quasi nulla, può però capire una cosa importante e cioè che è soggetto a tante influenze. E allora può scegliere l'influenza che reputa migliore. Questo è quello che accade a una barchetta sul mare. La barchetta non può essere spinta coi remi per miglia e miglia, ma ci sono i venti.

Basta alzare la vela quando arriva un vento favorevole. Ovviamente

**non ci sono venti favorevoli
per chi non sa dove andare**

Ma se sai dove andare, perché hai scelto una direzione, sei in grado di selezionare i venti.

Ogni volta che il vento è favorevole, cioè soffia nella tua direzione, tiri su la vela, quando è sfavorevole la tiri giù, perché se la lasci su il vento porta la barca fuori rotta.

È essenziale avere uno scopo e sapere riconoscere ciò che è utile al raggiungimento di quello scopo.

La vita media è fatta di ottant'anni e i tempi scadono.

La vita va messa a frutto finché c'è
perché quando non c'é più,
il tempo è scaduto

Una sola cosa è importante:

mantenere la direzione

Tutto ciò che porta fuori dalla direzione è da eliminare e tutto ciò che serve per andare nella direzione, è da coltivare. Questo è un modo di mettere a frutto la vita.

Ma in questo modo quante cose perdo? Neanche una! Anzi guadagno tutte le cose perché guadagno me stesso. Al contrario se anche avessi tutto, ma non avessi me stesso, in realtà non avrei niente. Ma questo è un concetto che per ora non esploriamo. Diciamo comunque che all'uomo a cui tutto accade, accade anche che, alla fine della sua vita, tutto è uguale a quando è incominciata. Non è cambiato, quasi niente, e in più il carburante è finito. Il carburante per percorrere la via della Verità è finito. Perché? Perché è stato speso per tante altre cose, è un peccato no? È il peccato!

Sprecare la vita è l'unico peccato che esiste

Il carburante è stato speso nel litigare col capo ufficio, nell'avercela col compagno, nel sentirsi sfortunato, nell'inseguire progetti fantastici privi di realtà, nel formulare una logorrea interminabile di pensieri. Adesso per esplorare un pochino di Verità insieme a dei compagni di viaggio non c'è più energia.

Ho già speso tutti i soldi in vestitini, scarpine, aeroplanini, e adesso che ci sarebbe da comprare il pane, non lo posso comprare perché sono rimasto senza soldi. Allora ho sbagliato le priorità.

Abbiamo sbagliato le priorità, ecco perché siamo sottoposti alla legge dell'accidente. Chi è arrivato a una qualità di vita gioiosa è perché ha messo le cose in fila in base all'importanza che hanno per lui, non in base a ciò che dicono gli zii, gli amici, il partito, la chiesa… In base all'importanza che realmente rivestono per lui, in base al suo sentire più vero e profondo, in base, in sostanza all'intento della sua anima.

E così ascoltando la voce vera della sua anima è stato in grado di metterci la dedizione e ha prodotto il cambiamento.
Perché secondo la legge del dare e dell'avere, tanto quanto ci metti altrettanto ti ritrovi. E così

**quando l'uomo dona sé stesso a Dio,
Dio dona sé stesso all'uomo**

Sembra uno scambio in cui l'uomo ci guadagna moltissimo, ma così non è poiché colui che dona e colui che riceve il dono sono la stessa realtà. Semplicemente

**l'uomo guadagna sé stesso
perché riconosce la propria natura divina**

Quando ciò accade può dire con Gesù:

Io e il Padre mio siamo una cosa sola

Legge di risonanza

Noi tutti abbiamo una forma e andiamo verso una realtà che è tutte le forme, cioè mancanza di forma.

È la tua forma che ha attirato le situazioni che vivi, affinché tu possa vederle, e specchiandoti in esse, vedere la forma che hai.

Quindi tutto ciò che stai vivendo l'hai attirato tu.

La tua forma, è il tuo modo di vibrare, è il tuo modo di contenere e di limitare il divino che sei. Ciò che noi manifestiamo è il modo in cui limitiamo l'Essere e questa è la forma.

Essa attira tutto ciò che serve a diventare consapevoli della forma stessa per poi superarla.

Allora tutto ciò che vivi lo hai chiamato e ora sei nella posizione di decidere che cosa fartene.

Puoi rifiutarlo, e allora rimarrai imprigionato in quella forma, o puoi accoglierlo e allora vedrai la tua forma dissolversi.

Cosa accade a chi accoglie la visione della propria forma?

Si trasforma. Trans-forma significa al di là della forma.

Quando tu accogli la tua immagine riflessa dal mondo che ti mostra la tua forma, ti trasformi cioè vai al di là della tua forma.

Compreso questo, non ci resta che

pronunciare una grande benedizione
nei confronti di tutto ciò che ci succede

Gli eventi della vita svolgono il compito di mostrarmi la mia forma e io dovrei chiedermi:

assolverò al mio compito che è quello di riconoscerla?

Solo così potrò liberarmene.

Tutto sta nella lettura della vita. Non esistono maestri che leggono la vita al tuo posto, non è possibile.
Esistono esseri che hanno imparato a leggere la loro vita e sono maestri nel senso che possono offrirti strumenti che ti aiutino a leggere meglio la tua.

Infatti, qui e ora, la tua vita è costellata di cartelli stradali che ti mostrano il senso del tuo vivere e indicano il tuo prossimo passo, ma le chiavi del riconoscimento sono nella tua profondità.
Senza queste chiavi è come se i cartelli fossero scritti in una lingua sconosciuta. Sono scritti nella lingua dell'anima. Si tratta di una lingua dimenticata, la cui memoria è dentro di noi e che quindi può essere riportata alla luce.
Questo momento è stato creato dalla tua anima, da te, non è stato creato da un altro. L'hai creato tu, l'hai creato lassù, e ora la tua creazione sta discendendo nella realtà, e man mano che scende si manifesta secondo il tuo intento.

È l'intento dell'anima che prende vita

Man mano che si manifesta e lo riconosci come tuo, ti ricongiungi col tuo progetto e il risultato è che riconosci te stesso. Se invece non lo riconosci, non riconosci te stesso e resti separato dalla tua anima.

Noi siamo immersi in un campo psichico che è vita.

Allora quando io sono in preda alla paura, vi sono realtà spaventate, che arrivano a unirsi, con la mia paura. Così entrano dentro di me, da me richiamati, perché ho aperto la porta, e vengono ad ingigantire la mia paura.
Altre volte invece io coltivo un sentimento d'amore e anche in questo caso attraggo ciò che è simile e mi arriva un'ondata di amore. È in questa attrazione del simile che consiste la legge di risonanza.

È possibile ripetere quanto detto in termini di vibrazioni.

All'interno del campo psichico in cui sono immerso posso entrare in contatto con vibrazioni aventi frequenza superiore o inferiore alla mia.

**Frequenza superiore vuol dire amore,
frequenza inferiore vuol dire paura**

Conclusione

I limiti

I buoni e i cattivi non esistono, esistono gli uomini. Tutti gli uomini manifestano concretamente dei limiti che discendono dalle concezioni limitate che hanno di se stessi e della vita.

Tutti voi siete divinità rinchiuse dentro dei limiti, e vorreste superarli, ma come li supererete se neanche li vedete?

Superare i propri limiti affrontandoli direttamente è quasi impossibile, soprattutto per la grande difficoltà di compiere il primo passo che è quello di riconoscerli. Infatti qualunque atto compiamo, compresi il vedere, il riconoscere e l'imparare, risente dei nostri limiti perché ne è impregnato.

Come può il limite vedere se stesso?
Come può il pesce vedere l'acqua in cui nuota da sempre?

I limiti che un uomo possiede, sono per lui, la cosa più difficile da vedere e da riconoscere. Per questo esiste un aiuto prezioso che sono le relazioni.

Le relazioni sono lo strumento che rende visibili i limiti

Quando incontrate altre persone, lo fate con i vostri limiti ed esse, a loro volta, si accostano a voi coi loro limiti. Allorché i limiti degli uni entrano in contatto con i limiti degli altri, si crea una gamma infinita di situazioni. Essenzialmente però sono di due tipi: incontro o scontro, armonia o disarmonia.

Si può anche dire amore o paura, accettazione o rifiuto, apertura o chiusura, guerra o pace…etc. Queste situazioni sono come le aule di una scuola dove si tengono delle lezioni. La scuola è la vita, il programma è la conoscenza di sé, l'argomento dello studio siete voi. In definitiva,

**la vita è una scuola dell'essere,
ove si impara a conoscere ed esprimere
ciò che si è**

Specchiandovi nelle relazioni potete vedere i vostri limiti riflessi, potete percepire moltissimi aspetti che vi appartengono e che, se rimaneste soli con voi stessi, vi sfuggirebbero.
Le relazioni vi mostrano i limiti del vostro attuale approccio alla vita. Riconoscerli è un atto prezioso perché vi permette di superarli e incamminarvi verso una vita più libera e più felice. Infatti,

**i limiti di un uomo
sono la sua ricchezza inutilizzata**

Dare valore

La consapevolezza del fatto che la vita è una scuola, farà sì che di fronte ad ogni esperienza, anche la più difficile, soprattutto la più difficile, vi porrete la domanda:

*che insegnamento racchiude questo evento?
che cosa mi spinge a vedere di me?*

Se vi accosterete al vostro quotidiano con questo atteggiamento, vedrete nascere innumerevoli possibilità e, man mano che le coglierete, si produrrà uno straordinario rinnovamento della vostra vita e l'ampliamento del vostro orizzonte esistenziale.

In realtà le nuove possibilità non nascono, ci sono sempre state, è in voi che è nata la capacità di vederle.
Quando sarete abituati a fare tutto ciò, sarà inevitabile che affiori dentro di voi una domanda più grande:

che insegnamento racchiude la mia vita?
che cosa mi insegna nella sua totalità,
al di là dei singoli eventi?

E qui la risposta, pur nelle differenze individuali, ha una natura collettiva:

ogni uomo può imparare dalla vita
ad amare ciò che egli è

È un compito che si può svolgere un po' alla volta, gradualmente, partendo dal piccolo e dal vicino. Potete incominciare dalla vostra vita quotidiana e quindi

date valore alle piccole cose:
il loro valore è il vostro valore

Se intraprendete un'azione, è perché conoscete il suo legame col vostro valore, e se intraprendete la ricerca della verità, è perché intuite che

il vostro valore
può crescere

Se lo riconoscete e lo manifestate, esso diventa una benedizione per voi stessi e per gli altri. Tuttavia, nel fare questo, vi scontrate, inevitabilmente, col vostro passato che continuamente vi da battaglia. Infatti, ogni volta che fate qualcosa per voi, che affermate di esistere, che riconoscete un aspetto del vostro valore, il passato proclama che non è vero, che non valete niente, che non meritate alcun riconoscimento e che avete sbagliato tutto.

Vi dice che non meritate l'amore e che tutto quello che state facendo e in cui vi state fortemente impegnando è inutile e insignificante ed è solo espressione del vostro egoismo…

**Il passato vi vuole riportare
nel mondo del dolore**

Il passato che si afferma attraverso il dolore, è un nemico dentro di voi, che vuole continuare a crogiolarsi in quella situazione, perché

il dolore contiene un piacere perverso

Il nemico interno, non appena voi riuscite ad avere la visione di un pezzettino della vostra bellezza, si scatena e vi dice che quella visione non è vera, è un'illusione o un miraggio. Non combattete quel nemico: guardate la sua tristezza e la sua miseria, perdonatelo e lasciatelo andare per la sua strada.
Concentratevi invece sul fatto che, ogni volta che riuscite a rimanere fedeli alla visione del vostro valore, esso si riconferma, si manifesta concretamente, e cresce. Infatti il valore di se stessi e la fedeltà a se stessi sono la stessa cosa.

**Se non create la vostra ricchezza,
non potete dare niente a nessuno**

Se la vostra vita fosse piena e felice, avreste tanto da dare.

Il dare valore agli altri, può avvenire solo se prima avete dato valore a voi stessi.

**Occuparsi di sé
non è il tradimento dell'amore,
ma la sua espressione**

Inoltre,

**avete il dovere
di vivere la vostra felicità,
perché solo così potete contribuire a quella degli altri**

Mettere in atto questo dovere è impellente e necessario. perché proprio ora, nel mondo, c'è un grandissimo bisogno di pace.

Creare la propria felicità è un giusto egoismo che porta beneficio a tutti quanti e, di conseguenza, è la forma più pura di altruismo. Quindi fare ciò che è bene per voi vuol dire fare il bene del mondo. Non si tratta di compiere qualcosa di speciale, ma di essere semplicemente e sinceramente se stessi. Infatti nel vostro modo di essere, nei vostri pensieri, nelle vostre relazioni, si manifesterà una bellezza, una ricchezza e una pienezza da cui gli altri potranno assorbire ciò di cui hanno bisogno.

Il sabotatore

Ripetiamo tutto in un altro modo: un sabotatore dentro di noi, ci vuol convincere che la nostra felicità la rubiamo agli altri. Vuole introdurre in noi l'idea che la nostra felicità e quella degli altri sono in conflitto cosicché possiamo costruire la nostra felicità solo sull'infelicità altrui. Tutto ciò, non è vero perché la nostra felicità e la felicità degli altri sono la stessa cosa. Non sono l'una contro l'altra, ma l'una per l'altra, l'una di aiuto all'altra.

L'idea che la felicità degli uni si regga sull'infelicità degli altri, crea l'infelicità sia degli uni che degli altri. Infatti la diretta conseguenza è che quando un uomo cerca la propria felicità, prova il senso di colpa e si sente infelice per avere resi infelici coloro che ama. Quando invece rinuncia alla propria felicità per permettere quella degli altri, si priva della propria e resta infelice comunque.

La pura e semplice realtà è che

**nessuno rende infelice qualcun altro,
ma ciascuno può rendere felice sé stesso**

Ognuno può offrire un contributo alla felicità degli altri vivendo la propria.

**Se non siete pieni d'amore,
non avete amore da offrire**

Diventare pieni d'amore è il vostro cammino, la vostra crescita e maturazione, e non è egoismo, perché vivere l'amore non vuol dire togliere qualcosa a qualcun altro, ma offrirla.

Il pensiero che la nostra felicità sia in conflitto con quella degli altri, nasce dall'idea che di felicità non ce ne sia abbastanza per tutti. È la conseguenza di una idea generale di mancanza, ormai molto radicata, per cui

**di qualunque cosa
non ce ne è mai abbastanza per tutti**

Basterebbe una accurata osservazione della natura e della vita, della sua grandezza e maestosità, della ricchezza e delle immense possibilità che continuamente ci offre, per capire che non è così.

Eppure il sabotatore vuole convincerci che la vita è miseria, mancanza e povertà. *Il fatto stupefacente è che quasi sempre ci riesce* e allora la magnificenza della vita ci diventa invisibile e quella miseria diventa per noi reale.

Tutti noi siamo anime, e ogni anima impara le lezioni impartite in quella scuola che è la sua esistenza.

Dovremmo sempre pensare agli altri come ad altre anime che imparano attraverso le loro esperienze, a volte anche di dolore, e che stanno svolgendo un loro compito che noi non sappiamo e non possiamo neppure immaginare.

Questo pensiero ci riporta immediatamente al nostro compito.
Il nostro compito è vivere le esperienze che la nostra anima ci richiede. Sostituirci agli altri, paragonarsi ad essi, o peggio giudicarli, serve a mancare l'occasione rappresentata dalla nostra vita e distrugge in noi la possibilità di rappresentare una benedizione per noi stessi e per loro.

Il dolore e la sofferenza

Dovete capire la distinzione fra dolore e sofferenza. Il dolore fa parte della vita, dura un tempo e poi finisce. La sofferenza è quel prolungarsi artificioso del dolore, che può aggravarsi fino a diventare un inferno e che viene prodotto dalla mente. E la mente come fa a produrlo? Lo produce rifiutandolo, non considerandolo un evento passeggero della vita, un'esperienza, ma un'ingiustizia. Il dolore dura un tempo, e dura un tempo anche molto piccolo, se ci riflettete. Supponete che uno vi dia uno schiaffo, al momento sentite dolore, pochi minuti dopo non sentite più niente. Potete però soffrire anche mesi o anni per quello schiaffo. Quindi non è lo schiaffo che produce la sofferenza di mesi o anni, ma è la mente a causa dei pensieri che elabora. Il dolore è una cosa che nella vita può sempre arrivare e non è nelle nostre mani evitarlo, la sofferenza invece è una costruzione della mente che si potrebbe evitare facilmente. Come avviene questa costruzione? Attraverso un pensiero di non accettazione e di rifiuto, cui successivamente si aggiungono altri pensieri che costruiscono, strato dopo strato, una realtà di negazione solida come la roccia.
Questa roccia è la sofferenza.

Essa ha preso l'avvio dal dolore, e lo ha assunto a pretesto, ma col dolore non c'entra nulla perché il dolore si è concluso da un pezzo. Quindi la sofferenza è

**il prolungamento innaturale del dolore
che si produce rifiutandolo**

Appare allora chiaro che

**il dolore è della vita
la sofferenza è della mente**

*Come si può evitare la costruzione
di questa sofferenza mentale?*

Si evita attraverso la comprensione. Il dolore non è un'ingiustizia, ma un accadimento. Quell'accadimento contiene una lezione. Se accetto di impararla, se comprendo, la sofferenza non si crea. La sofferenza invece è l'incapacità di imparare dal dolore: l'incapacità di comprendere. Essa nasce dal rifiuto del dolore che porta a vedere nell'evento che lo ha prodotto un'ingiustizia invece che un'opportunità. Per chi comprende, una volta che il dolore è finito, l'esperienza è conclusa. Per chi non comprende, una volta che il dolore è finito, l'esperienza prosegue e si amplifica come sofferenza.
In generale ogni sofferenza è una forma di negazione della vita.
Chi accetta la vita incontra, talvolta, il dolore e mai la sofferenza.

Il senso di colpa

Attraverso la comprensione l'uomo allarga il proprio mondo. Contemporaneamente la condizione della sofferenza diventa sempre meno importante e più rara.

Se procedete nel cammino della comprensione, accadrà che un giorno, rivolgendo uno sguardo al passato, e riflettendo sulle cose che più vi facevano soffrire penserete: "Ma come facevo a soffrire per una cosa del genere?".

Il sorgere di questa domanda è la prova che la comprensione e il cambiamento sono avvenuti, che abbiamo ripreso ad imparare e che ci siamo rimessi in sintonia con la vita in modo da proseguire il nostro cammino di anime.

Ecco perché, per l'anima, il concetto di colpa non esiste. Infatti, non si può definire colpa l'insieme degli errori e dei tentativi, attraverso i quali sperimentiamo la vita e impariamo. *"Colpa"* non significa niente, ma così come rifiutando un evento doloroso produciamo la sofferenza, altrettanto rifiutando i nostri errori creiamo il senso di colpa.

Il senso di colpa è il sentimento che si prova quando non si accettano i propri errori

Il fatto che la colpa, in sé, non esiste significa che il senso di colpa che oggi vivete, lo avete costruito con la vostra mente, proprio come la sofferenza. Per questo, domattina, al risveglio, il senso di colpa svanirà. Potrete però ricominciare immediatamente a costruirlo. Se lo fate esisterà ancora per un giorno. Se invece il senso di colpa esiste tutti i giorni è perché tutti i giorni lo ricostruite nella vostra mente, tutti i giorni lo scegliete e lo indossate, come fate con gli abiti che prendete dall'armadio. Occorre cambiare attitudine e rinunciare al senso di colpa.

Attualmente, ancor prima di mettere giù il piede dal letto, la vostra mente lo sta già costruendo.

Perché succede? Succede perché è uno schema rigido e ripetitivo della mente, è l'unico punto di vista che possedete e per cui non avete alternative disponibili.

Un solo punto di vista

Quando avete un solo punto di vista, lo considerate la realtà. Invece è una prigione.

**Un unico punto di vista è una prigione
perché, se avete solo quello,
potete vedere le cose solo in quel modo**

Se avete un solo punto di vista, ci girate sempre intorno perché la mente, in cortocircuito, vi riporta sempre lì. Ad esempio: il passato è concluso, è morto, ma con la mente continuamente lo coltivate, lo fate rivivere. Se avete solo un modo di vedere la vita, essa sarà, per voi, sempre in quel modo. Bisogna incominciare a orientare i pensieri in maniera totalmente diversa, bisogna diventare capaci di produrre molti altri punti di vista. Non dovete cercare di distruggere il vostro vecchio punto di vista. Ogni punto di vista che esiste è giusto, l'errore è non averne altri. L'errore è non riconoscere che esso è uno in mezzo a tanti e che questi "tanti" rappresentano la ricchezza della vita.
L'errore è essere ciechi alla ricchezza e quindi rinunciarvi.

Quante volte avete pensato che la colpa non esiste? Mai! È ora di incominciare a pensarlo. Il problema non è che vivete il senso di colpa, il problema è che vivete il senso di colpa in un mondo costruito sul senso di colpa. In quel mondo il senso di colpa governa tutto e, praticamente, è l'unica cosa che esiste. Se allargate il vostro mondo, esisterà sempre il senso di colpa, ma invece di essere un buco nero, diventerà grigio, e poi sempre più chiaro perché in uno spazio grande si diluisce. Ciò che serve non è combattere il senso di colpa, perché più lo combattete più lui vi combatte, ma occorre allargare il vostro mondo.

Quello del senso di colpa è solo un esempio, ma quanto detto vale per qualunque forma negativa che prenda il controllo della vostra vita.

Questa è la chiave: espandere il vostro mondo. Da lì incomincia la via.

Allora, se allargate, un pochino alla volta, la vostra capacità di comprendere, accadrà che le cose che rifiutate diminuiranno in maniera corrispondente.

Un giorno comprenderete che le cose sono come devono essere perché la vita non è sbagliata.

Se un bambino non riesce ad aprire una porta, e arriva il genitore e gliela apre, difficilmente il bambino imparerà a farlo. Il genitore corre a salvare il figlio dalla difficoltà, ma non c'è nessuno da salvare e la difficoltà non è né un pericolo né una disgrazia. In realtà non è nemmeno una difficoltà, ma un'opportunità di apprendimento. Quindi non è da evitare e da maledire, ma da benedire e accogliere. Quando il genitore capirà che amare non vuol dire sostituirsi ai figli, li aiuterà ad imparare. Quando il genitore vede il bambino misurarsi con una possibilità di apprendimento, e nella paura e nell'ansia, che non c'entrano con l'amore, vorrebbe lanciarsi ad aiutarlo, si deve fermare.

Questo è rappresentato benissimo nel film *"Ray"* che è la storia di Ray Charles, grande pianista e cantante purtroppo scomparso. Era un bambino cieco, ma la madre lo trattava come se fosse uguale a tutti gli altri. Molti la giudicavano una cattiva madre, ma invece era una madre straordinaria e ciò è mostrato in una scena del film in cui il bambino perde l'orientamento e cade per terra. La mamma ha l'impulso di lanciarsi ad aiutarlo, ma si trattiene e resta ferma ad osservarlo con gli occhi pieni di lacrime.

Il bambino all'inizio si muove in modo disordinato, ma poi si mette in ascolto.

Ascolta tutti i rumori che lo raggiungono in modo da ricostruire la funzione dell'orientamento attraverso l'udito.

Ad un certo punto percepisce un piccolo rumore sul pavimento: è un grillo, che è entrato in casa e non sa come uscire. Il bambino va lentamente verso il grillo, lo prende con le mani. Guidato dai rumori esterni, si dirige verso la finestra e depone il grillo sul davanzale.

Ray, usando l'udito, ha salvato il grillo, e soprattutto se stesso. Da quel momento l'udito sarà per lui uno strumento formidabile che lo aiuterà a diventare uno dei più grandi cantanti del mondo.
La madre, vista la scena, scoppia a piangere e il bambino le dice: "Mamma io ho sentito il grillo, ma sto sentendo anche te". In quel momento la madre comprende che la sua strategia ha funzionato, e anche noi, ora, comprendiamo un po' meglio la natura dell'amore e la funzione di un genitore.

Conclusione finale

Abbiamo parlato dei limiti che tutti gli uomini, in maniera diversa l'uno dall'altro, possiedono e che discendono dalla loro limitata concezione di sé stessi e della vita. Proprio perché nati da un pensiero limitato questi limiti non possono essere corretti dal pensiero che li ha generati. In più esiste una tendenza interna all'uomo che abbiamo personificato e chiamato *il sabotatore* che cerca sempre di limitare la vita umana.
Lo fa, resistendo sempre e comunque ai cambiamenti, e cercando di consolidare la visione per cui *la vita è miseria e mancanza, la felicità è un furto, il dolore è un'ingiustizia, gli errori sono colpe.*

Questa visione distorta della vita, è una trappola diabolica, e se un uomo ci cade, gli è difficile uscirne.
La sua vita, allora, si riduce a sopravvivenza, ed egli perde la sua dignità, riducendosi ad un mammifero.
Perde la sua funzione di uomo, il suo funzionamento di individuo che crea la propria realtà, e diventa simile ad una macchina rotta.

Abbiamo però anche detto che disponiamo di aiuti preziosi: *le relazioni, il valore, il dolore, la comprensione.*

Le relazioni ci mostrano la nostra condizione e ci offrono la possibilità di vedere il riflesso dei nostri limiti. Attribuendo valore a ciò che la vita ci offre, riconosciamo in ogni evento un insegnamento. Mantenendoci fedeli a quel valore, anche di fronte alle difficoltà, superiamo gradualmente i nostri limiti. Grandissimi insegnamenti ci arrivano dal dolore. Si tratta di eventi della vita che se non li rifiutiamo, non si trasformano in una sofferenza che si prolunga a dismisura. Anzi cessano ben presto, perché durano solo il tempo necessario alla loro comprensione. Infatti, appena li comprendiamo ce ne liberiamo. La comprensione del dolore produce una maggior comprensione di noi stessi e del mondo. Attraverso la comprensione il nostro mondo si allarga. In un mondo grande diventa possibile ciò che in un mondo piccolo non lo era ed è possibile una maggiore libertà. Possiamo concluderne che

**l'uomo è certamente
una macchina rotta,
ma una macchina
che si può riparare**

Perché ciò accada, è necessario ritrovare la piena sintonia con le

leggi di funzionamento

Indice

Nella stessa collana:

Essenzialità

Mille Pensieri di Libertà

Le leggi di funzionamento

Lo stratega

Incontri vol.1

Incontri vol.2

Incontri vol.3

Finito di stampare nel mese di Settembre 2014
per conto di Youcanprint *Self - Publishing*

www.ingramcontent.com/pod-product-compliance
Lightning Source LLC
LaVergne TN
LVHW011303210726
843509LV00016B/762